五南出版

噪音控制原理與工程設計

NOISE CONTROL THEORY AND ENGINEERING DESIGN

邱銘杰、藍天雄 著

五南圖書出版公司 印行

序言

　　噪音對人們在生理及心理的影響均頗大，噪音問題已爲世界各國所重視，並立法令明定規範其音量值。在國內，由於多數工廠在本身工廠製程中，常有極大的設備噪音產生，爲了確實了解噪音產生原理，並據以做好適當且經濟的噪音防制，以維護現場人員的聽力安全、降低環保費用，進而提昇產業在國內外的競爭力，因此產業界對噪音控制專業人才的需求極殷。

　　作者曾服務於工程界近17年，目前在中州科技大學與大同大學授課，十年多來已發表有關噪音控制的國際期刊論文100餘篇及國內外學術研討會論文70餘篇，目前擔任七個國際期刊之編輯及客座主編，亦出版六本有關噪音振動之國際專章專書。深諳產業界的噪音控制實務與學理間的落差，爲彌補彼此之不足，並期許能培養學生或有志初學者能成爲下一代工業噪音控制的專業人材，故不揣淺陋，將多年的講稿及工程實務整理匯編，並特撰此書。

本書共分爲13個章節及4個附錄，主要的架構大致如下：

第1章：噪音的物理特性

第2章：噪音的評價

第3章：噪音對人影響

第4章：噪音儀器與量測

第5章：音源擴散的類型與音能預估

第6章：室內聲學

第7章：材料吸音處理

第8章：聲音隔離

第9章：噪音控制的方法

第10章：隔音牆與隔音罩

第11章：消音器

第12章：全廠噪音控制

第13章：常見工業噪音源及改善案例

其中，第1、2章為聲學學理的推導及聲學的指標定義，第3、4章為噪音對人影響及量測儀器，第5章為音源擴散的類型與音能預估，第6章為室內聲學的學理與範例計算，第7章為以四埠傳輸矩陣推導多層吸音板的正向吸音率、不同管材內襯吸音棉的吸音效果計算，第8章為聲音隔離材的隔音原理及隔間牆的聲音衰減計算，第9章為工業界的典型噪音防制策略之方法說明，第10章為隔音牆與隔音罩的原理介紹與範例計算，第11章是各式消音器的原理介紹，其中，亦介紹以四埠傳輸矩陣進行反射式消音器的性能推導，第12章是工業界的典型全廠噪音控制，並介紹以調變設備位置與選用適當減音設施來降低音源對廠周界影響的策略，第13章是常見工業噪音源及改善案例。

為能廣泛推廣噪音控制之基本技術，本書之設計以實務為主，內容淺顯易懂，不僅對噪音原理的推導有完整的說明，對聲場音量的計算亦作詳盡的解說，並引用大量的範例；此外，亦介紹工業界的實務噪音防治策

略及實例，並介紹四埠傳輸矩陣法用於多層吸音板及反射式消音器的設計。適合大學暨技職院校大學部、研究所的機械工程系、環境工程系、營建工程系、土木工程系、職業安全衛生系、公害防治、自動化控制系使用，此外，對於有志於噪音控制學習之其他領域的初學者亦適用之。

本書之完成，要感謝所有陪伴在我身旁的家人，包括我摯愛的爸媽、吾妻淑文、兒子哲民、女兒珮昀等。

最後，感謝中州科技大學提供我良好的研究環境，使我在教學研究之餘還能專心寫作。

　　本書雖已做為大同大學機械系大三與大四的噪音課程之部分授課教材，但疏漏與錯誤仍恐難免，敬祈各位讀者先進不吝指正。

邱銘杰

中州科技大學 機械與自動化工程系副教授

目次

第一章　噪音的物理特性

1.1 聲音

1.1.1 聲音的起源

　　聲音（sound）的起源是來自於彈性物理介質中，任何一種以環境大氣壓力為中心的微擾壓力變化（來自物體或分子的振動），此微擾音壓波動形成壓力波（圖 1.1），並藉由介質（如水、空氣，或其他介質）傳遞波動，並傳至受音者耳朵，使知覺其存在者。

◀━━▶　介質粒子的運動方向

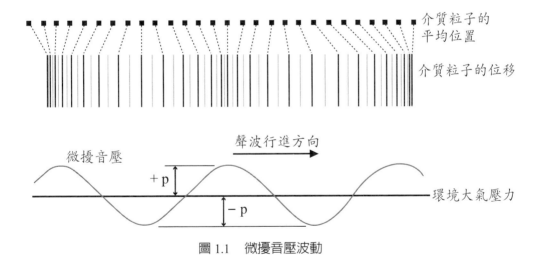

圖 1.1　微擾音壓波動

1.1.2 聲音的特性

　　聲波是必須藉由介質傳遞的機械波，它的波形基本上是一種正弦波的

組合，因此它具有正弦波的各種數學與物理特性，如頻率、波幅、時間長短、與相位角等，主觀上，當受激勵的空氣粒子所產生的微小壓力變化達到 20 次以上時，就能被人耳所察覺，此即爲所謂的聲音，聲音的單位則用分貝（decibel，dB）來表示。

　　音波每秒振動之次數稱之爲頻率，以赫茲（Hz）表示，一般年輕人可聽到的音頻爲 20～20000Hz，音頻低於 20Hz 者稱爲超低頻，高於 20000Hz 者稱爲超高頻，當聲音壓力爲 $2*10^{-5}$ Pa 時，人耳開始能勉強偵測到聲音，此對應的音量值爲 0 分貝，稱之爲「聽覺閾」（hearing threshold），而聲音壓力達到 60 Pa 時，人耳開始覺得刺痛，此對應的音量值爲 130 分貝，稱之爲「痛覺閾」，一般可聽音頻範圍如圖 1.2 所示。

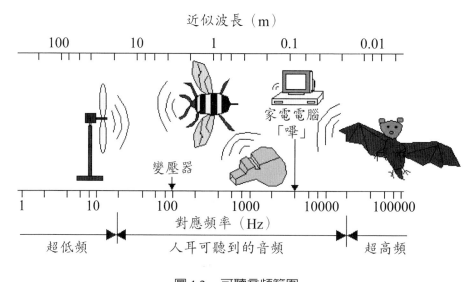

圖 1.2　可聽音頻範圍

1.1.3 頻率、週期與波長

　　聲波是一種正弦波，以純音音波（頻率 f）爲例，一波長（λ）的音

壓波以聲速（c）向右傳播，在時間爲 0、T/2 及 T 時的音壓與位置圖如圖 1.3 所示，其中 T 週期，爲聲波來回振動一次所花費的時間，聲波的速度（c）、頻率（f）、週期（T）與波長（λ）的關係如下：

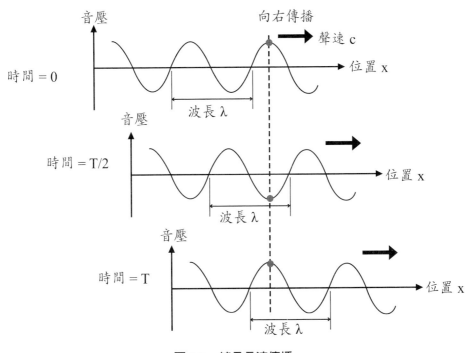

圖 1.3　**純音音波傳播**

$$f = 1/T = c/\lambda$$

其中，頻率（f）與週期（T）互爲倒數。

1.1.4 音速

在彈性介質 m 中的聲壓傳遞速度 $C_m = \sqrt{\dfrac{\gamma \cdot p_o}{\rho}}$

其中，γ：$Cp_{(m)}/Cv_{(m)}$

p_o：環境大氣壓力

ρ：介質 m 的體積密度

Cp$_{(m)}$：介質 m 的定壓比熱

Cv$_{(m)}$：介質 m 的定容比熱

當彈性介質 m 為空氣時，$\gamma = 1.4$，空氣中的聲速（C）為

$$C = \sqrt{\frac{1.4p_o}{\rho}} \text{ (m/s)} \tag{1-1a}$$

化簡並以 °R 表示，為

$$C = 49.03\sqrt{R} \text{ (ft/s)} \tag{1-1b}$$

化簡並以 °K 表示，為

$$C = 20.05\sqrt{T} \text{ (m/s)} \tag{1-1c}$$

其中，R = 459.7 + °F 且 T = 273.2 + °C

以二項次定理（nominal equation），展開公式 1-1c 可得

$$C \doteq 331 + 0.6t \text{ (m/s)} \tag{1-1d}$$

t：°C

由上述關係式得知，聲速與介質的密度、環境大氣壓力及溫度有關，其他介質（包括鐵、木材、玻璃及水等）的聲音傳播速度如表 1-1 所示。

【範例 1-1】室溫 20°C 及 30°C 下的聲音在空氣中傳播之速率分別為若干？

[解]

  (1) 室溫 20°C

    c = 331 + 0.6t

      = 331 + 0.6*20 = 343(m/s)

  (2) 室溫 30°C

    c = 331 + 0.6t

      = 331 + 0.6*30 = 349(m/s)

【範例 1-2】室溫 21℃下，2000Hz 的音波在空氣中及水中的波長分別爲若干？

[解]

(1) λ（空氣中）= c/f

＝ 344/2000

＝ 0.172(m)

(2) λ（水中）= c/f

＝ 1372/2000

＝ 0.686(m)

表 1.1　在不同介質下的聲音傳播速度（溫度 21.1℃）

物質	音速	
	ft/s	m/s
空氣	1,128	344
水	4,500	1,372
混凝土	10,000	3,048
玻璃	12,000	3,658
鐵	17,000	5,182
銅	4,000	1,219
鋼	17,000	5,182
軟木	14,000	4,267
硬木	11,000	3,353

1.2 音波的波動方程式

1.2.1 **數學原理** [1]

對一均質且等向性的流體介質元素而言，依質量守恆定理（Mass Conservation Equation）

$$\frac{\partial \zeta}{\partial t} + \nabla \cdot (\zeta \vec{V}) = 0 \tag{1-2}$$

其中，ζ = 流體介質的體積密度

$\vec{V}$ = 流體介質的流速

$$\nabla = \hat{i}\frac{\partial}{\partial x} + \hat{j}\frac{\partial}{\partial y} + \hat{k}\frac{\partial}{\partial z}$$

依 Navier Stokes 動量守恆原理，

$$\zeta\left[\frac{\partial \vec{V}}{\partial t} + (\vec{V} \cdot \nabla)\vec{V}\right] = -\nabla P + \vec{B} + \mu\nabla^2\vec{V} + \frac{\mu}{3}\nabla(\nabla \cdot \vec{V}) \tag{1-3}$$

其中，P 為流體壓力（fluid pressure），μ 為動黏滯係數（dynamic viscosity），$\vec{B}$ 為物體力（body force），在略去黏滯力及物體力之下，簡化為

$$\zeta\frac{\partial \vec{V}}{\partial t} + \zeta(\vec{V} \cdot \nabla)\vec{V} = -\nabla P \tag{1-4}$$

即為著名的尤拉方程式 Euler's equation

在流體流場內作壓力及密度之微擾下，

$$P = p_o + \varepsilon p + \theta(\varepsilon^2) + \dots, \quad \zeta = p_o + \varepsilon p + \theta(\varepsilon^2) + \dots,$$

$$\vec{V} = \vec{V}_o + \varepsilon\vec{u} + \vec{\theta}(\varepsilon^2) \tag{1-5}$$

在此，p_o、ρ_o 及 $\vec{V}_o$ 分別是穩定流體壓力、穩定流體密度及穩定流體平均速度，而 p、ρ, u 則為聲音壓力、聲音粒子速度及密度，帶上述微擾於質量守恆方程式（公式 1-2）及尤拉方程式，得

$$\frac{D\rho}{Dt} + \rho_o\nabla \cdot \vec{u} = 0 \tag{1-6}$$

$$\rho_o \frac{D\vec{u}}{Dt} + \nabla p = 0 \qquad (1\text{-}7)$$

其中，$\frac{D}{Dt}\left(=\frac{\partial}{\partial t}+\vec{V}_o \cdot \nabla\right)$ 為對時間 t 的總微分

在絕熱（adiabatic assumption and isentropicity）條件下，推導得

$$\frac{p}{\rho} = c_o^2 \qquad (1\text{-}8)$$

其中，$c_o = \sqrt{\dfrac{p_o \gamma}{\rho_o}}$ 為聲速，γ 為流體之特殊定比熱之比值（specific heat ratio），在無流速的流場中，公式 1-6 及公式 1-7 簡化為

$$\frac{\partial \rho}{\partial t} + \rho_o \nabla \vec{u} = 0 \qquad (1\text{-}9)$$

$$\rho_o \frac{\partial \vec{u}}{\partial t} + \nabla p = 0 \qquad (1\text{-}10)$$

將公式 1-8 帶入公式 1-9 並結合公式 1-10，最後可得

$$\nabla^2 p - \frac{1}{c^2}\frac{\partial^2 p}{\partial t^2} = 0 \qquad (1\text{-}11)$$

1.2.2 波動方程式 [1]

在小位移的空氣振動條件下，一維音波的波動方程式如下：

$$\frac{\partial^2 p}{\partial t^2} = c^2\left(\frac{\partial^2 p}{\partial x^2}\right) \qquad (1.12)$$

上式即為簡諧的平面波（harmonic Plane Wave）

其中，p：音壓（Pa）

　　　c：聲音傳播速率（m/s）

對具有角頻率 w 的純音聲波而言，p 的一般解如下：

$$p(x, t) = F_1(ct - x) + F_2(ct + x) \qquad (1.13a)$$

或

$$p = A\,e^{j(wt - kx)} + B\,e^{j(wt + kx)} \qquad (1.13b)$$

其中，k：wave number（波常數）= w/c；w = 2πf，A 為在 x 正方向前進的
音壓振幅，B 為在 x 負方向前進的音壓振幅。

1.2.3 單頻率音波與頻譜

第一項 $F_1(ct - x)$ 表示以速度 c 在 x 正方向前進的音波，第二項 $F_2(ct + x)$
則表示以速度 c 在 x 負方向前進的音波。

假設有一定周波數的正弦音波在 x 正方向前進，可得

$$p(x, t) = P_m \sin 2\pi f (t - x/c) \tag{1.14}$$

其中，P_m：音壓最大值（Pa）

當 t = 0 時

$$p(x, 0) = -P_m \sin\{2\pi fx/c\} \tag{1.15}$$

音壓 p 如圖 1.4 所示，其隨著位置 x 而成正弦變化。

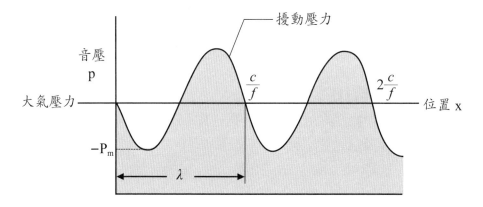

圖 1.4　音壓 p 與位置 x 的關係

對一特定觀察點（假設為原點）而言，任一時間 t 下

$$p(0, t) = -P_m \sin\{2\pi ft\} \tag{1.16}$$

音壓 p 如圖 1.5 所示，其亦隨著時間而成正弦變化。

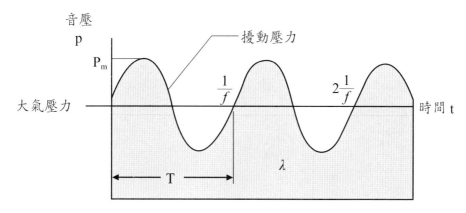

圖 1.5 特定觀察點（假設為原點）下的音壓 *p* 與時間 t 的關係

舉一具有 90 巴斯卡（Pascal; Pa）振幅的 50Hz 純音音波為例，此音波的音壓時域響應如圖 1.6，波動曲線以餘弦函數表示，對應的頻譜圖如圖 1.7 所示。

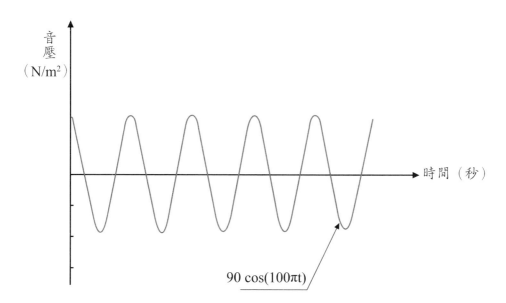

圖 1.6 單頻音的聲波時域響應

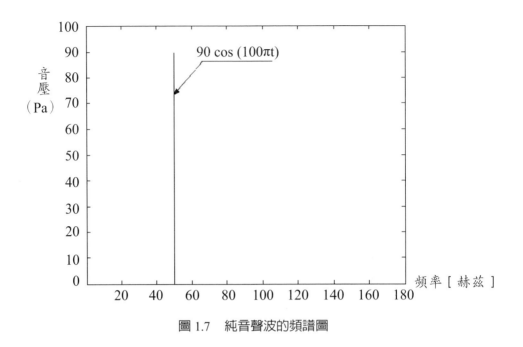

圖 1.7　純音聲波的頻譜圖

1.2.4 全頻域音波與頻譜

　　一般的噪音是由無數個強度（振幅）及頻率不一的單音所組成，對一維音波而言，其綜合音壓可表示如下：

$$p\,(x,t) = \sum_{i=1}^{n} F_{1i}\,(ct - x) + F_{2i}\,(ct + x) \tag{1.17}$$

　　舉一個含有二種純音（pure tone）的聲波為例，此二種單音聲波的頻率與音壓分別是（50Hz, 90N/m^2）與（90Hz, 70N/m^2），該波的時域響應如圖 1.8，圖中的綜合音壓（紅色曲線）值為二個純音音壓（藍色與綠色曲線）的相加，其相應的頻譜響應則如圖 1.9。

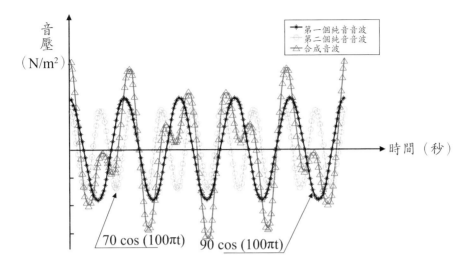

圖 1.8　具有雙頻音的聲波時域響應

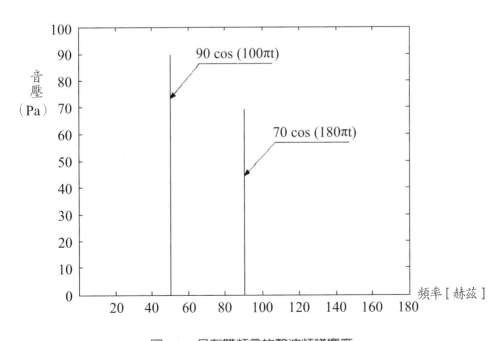

圖 1.9　具有雙頻音的聲波頻譜響應

1.3 音波的傳播途徑

1.3.1 空氣傳音（air-born noise）

　　音源體的振動波藉由空氣介質的傳遞，將音能以波動的方式傳播到受音者處，以活塞的往復運動來類比音源體的振動，其聲音傳播方式如圖 1.10。

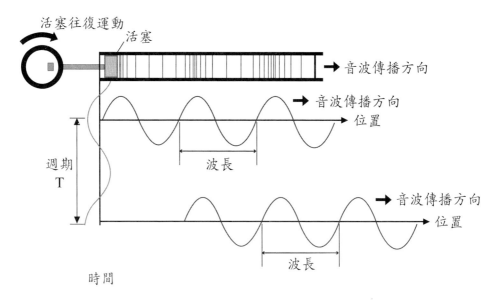

圖 1.10　活塞的往復運動類比單頻音源體的振動

　　在轉軸轉一圈後，音波前進一倍波長（λ）的距離，所需的時間為一個週期（T）。

1.3.2 結構空氣傳音（structure-born noise）

　　往復振動的音源設備除了直接激勵空氣介質以產生空氣傳音（airborne noise）外，其振動波亦由設備傳至支撐結構體，此時振動波以結構體為介質，能快速將音波傳播至結構體各點，並在結構體各點處，以結構振動

的方式，再次激勵各點附近的空氣介質，產生結構傳音（structure-borne noise），以二樓樓板上的轉動設備為例（如圖1.11），除了二樓樓板上的設備之空氣傳音外，在一樓處的結構面附近，亦產生結構的音傳效應。

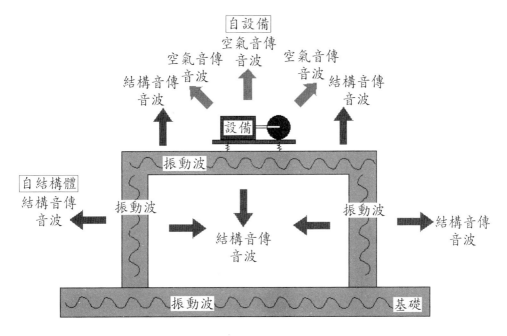

圖 1.11　被激勵的結構產生二次音傳播

以耳朵傾聽鐵軌上火車振動的低頻音（圖1.12）為例，在室溫20℃下，聲音傳播速度（C）約為 331 + 0.6×20 = 343(m/s)，鐵軌的振動傳播速率為 5182(m/s)（表1.1），其藉由鐵軌的結構振動波之傳音速度，約為由火車處產生的空氣音傳速度的 15 倍，明顯地，結構傳音遠快於火車的空氣音傳。

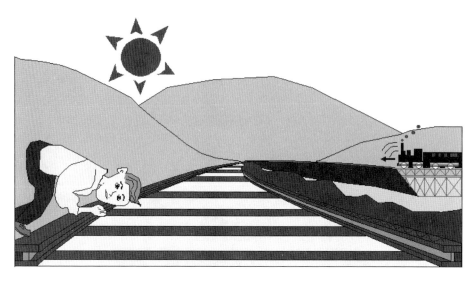

圖 1.12　以耳朵傾聽鐵軌上火車振動的低頻音

1.4 音波的傳播性質

　　聲波以點音源、線音源或面音源進行傳播期間，當遇見障礙物、介質性質改變（如溫度、溼度與風速等）及相位差時，將會有聲波的反射、折射、干涉及繞射等現象產生。

1.4.1 吸收（absorption）與反射（Reflection）

　　當遇見障礙物時，部分聲波會反射，部分被吸收，另一部分會穿越，其音波吸收與反射作用如圖 1.13 所示，此三部分的效應將視障礙物表面的孔隙、密度等因子而定，遇到大平面的障礙物時，聲波會如同光波的平面鏡反射方式進行反射，遇到凸面的障礙物時，會產生音波發散（scattering），而遇到凹面的障礙物時，則有音波會聚的強化效應。

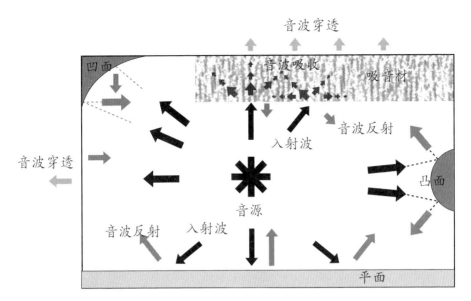

圖 1.13　聲波的吸收與反射

1.4.2 聲波折射（Refraction）

如同光波的折射原理，當音波由一介質進入另一介質時會產生聲波折射，此外，在同一介質內，當介質間有溫差或產生流動（風）時，亦會產生聲波折射（如圖 1.14 ～ 1.16）。

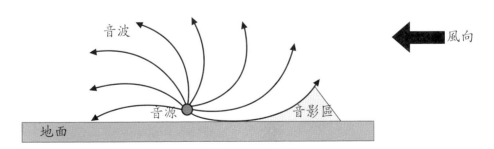

圖 1.14　聲波折射（風流動效應）

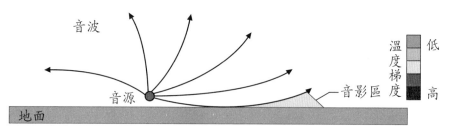

圖 1.15 聲波折射（負溫度梯度效應）

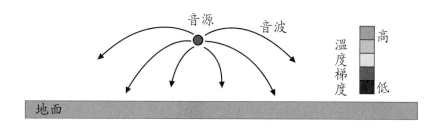

圖 1.16 聲波折射（正溫度梯度效應）

1.4.3 **聲波繞射**（Diffraction）

當音波越過障礙物頂部時，各頻率音波將以不同彎曲率入射於障礙物後方，此即形成聲波繞射現象，以一音源向前方障礙物傳播音波爲例（如圖 1.17），當音波傳播路徑受阻隔時，部分產生反射波，另一部分將於越過障礙物頂端後，再以不同繞射度入射於後方，如同圖 1.17 所示，低頻聲波的繞射能力最佳，而高頻音波則繞射度最差。

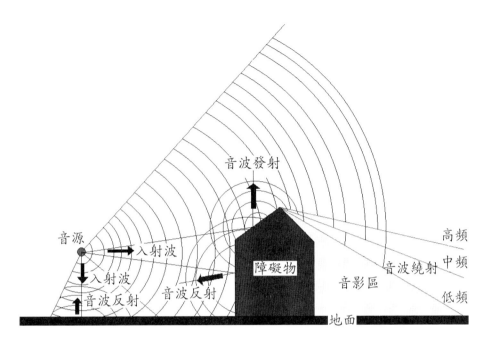

圖 1.17　聲波繞射現象

1.4.4 聲波干涉（Interference）

頻率相同而相位相反的二個獨立音波，當二者的波峰與波谷分別相遇時（相位差 90°），會互相抵消其音能，此相位相消的技巧，亦被科學家應用於主動噪音控制（Active Noise Control）的防治工作上，圖 1.18 為管路噪音的聲波干涉控制之應用，利用歧管的路程差設計，使主管與歧管的相位相反但聲壓振幅相近，當二波相遇時會產生波的相位相消（phase cancellation）現象。

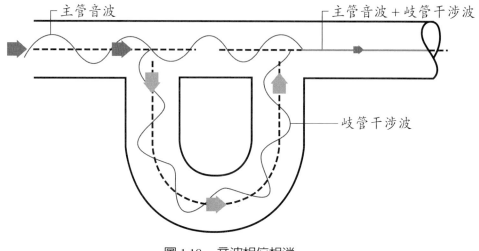

圖 1.18　音波相位相消

　　若二個波的相位相同，則二者的波峰與波峰分別相遇時，會增強其音能，如圖 1.19 所示，二個頻率、相位及音壓振幅均相同的聲波，以相反方向前進並相遇時，其波重疊處將產生二倍的振幅。

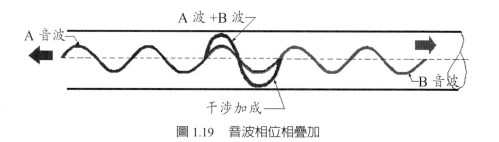

圖 1.19　音波相位相疊加

　　在平行的牆面間，當牆面間距為 1/2 的音波波長（相位差 180°）時會產生駐波，圖 1.20 為一矩形的密閉空間產生共鳴駐波的現象。

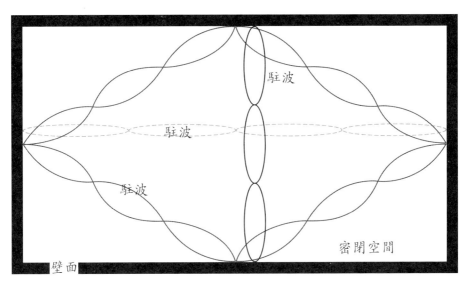

圖 1.20　共鳴駐波

練習 1

1. 室溫 25℃下的聲音在空氣中傳播之速率為若干？

2. 室溫 21℃下，2000Hz 的音波在水中及玻璃中的波長之比值為若干？

第二章　噪音的評價

2.1 噪音的定義

2.1.1 不悅耳的聲音

根據內政部勞工司的定義：「凡不規則不協調的音波（聲音）在同一時間存在，使人感到厭煩者稱為噪音」

2.1.2 超過法規管制標準者

民國七十二年五月十三日行政院公佈之噪音管制法第二條規定：「本法所謂噪音，指發生之聲音超過管制標準而言」，均為噪音，此定義較為客觀且公正。

2.2 聲學的物理量

2.2.1 音能位準

每單位時間（sec，秒）自振動體產生的音能 W（或音功率）

$$Lw = 10 \log(W/W_{re}) \tag{2.1}$$

W：音功率（Watt）

W_{ref}：參考音功率 $= 10^{-12}$（Watt）

【範例 2-1】某轉動設備的音能（or 音功率 W）為 120Watt，試換算其對應的音能位準值（SWL）為若干？

[解]

$$SWL = 10 \log(W/W_{re})$$
$$= 10 \log(120/10^{-12})$$
$$= 140.8dB$$

【範例 2-2】一部轉動中的泵（pump），其產生的音能位準為 95dB，試求此設備所產生的音功率（W）為若干？若其產生的音能位準為 105dB，則該設備所產生的音功率（W）又為若干？

[解]

(i) $SWL = 10\log(W/W_{ref})$

$\Rightarrow W = W_{ref}10^{SWL/10}$

$= 10^{-12}(10^{95/10})$

$= 0.003162278(Watt)$

(ii) $SWL = 10\log(W/W_{ref})$

$\Rightarrow W = W_{ref}10^{SWL/10}$

$= 10^{-12}(10^{105/10})$

$= 0.03162278(Watt)$

2.2.2 音強位準

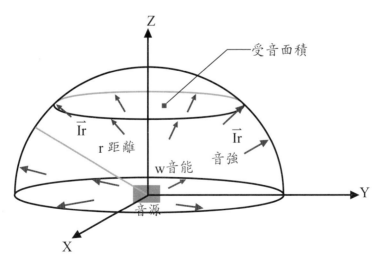

圖 2.1　半球面輻射的音強示意

L_I (Sound Intensity Level)

= 10 log(p^2/P_{ref}^2) + 0.13

$\fallingdotseq$ Lp   (2.2)

W：音功率（Watt）

A：與音波傳遞方向呈垂直的擴張面積

I_{ref}：參考音強 = 10^{-12}(Pa)；ρc = 412(N・sec/m^2) at 750mmHg, 20℃

【範例 2-3】一部轉動中的馬達，其傳遞至大氣的音功率（W）為 40Watt，假設此音源無方向性，試求距離馬達 3 公尺處的音強（I）及對應的音強位準（L_I）為若干？

[解]

I = W/A

其中，A：與音波傳遞方向呈垂直的擴張面積 = 半球體（半徑 = 3）的表面積 = $2\pi r^2$ = 2(3.1416)3^2 = 56.5488m

I = W/A

= 40/56.5488

= 0.707354(W/m^2)

L_I = 10log(I/I_{ref})

= 10log(0.707354/10^{-12})

= 118.5dB

2.2.3 音壓位準

0 分貝相當於 0.0002 微巴（μ bar）的大氣壓力，

Lp = 10 log(P^2/P_{ref}^2) = 20 log(P/P_{ref})   (2.3)

P：音壓均方根（Pa or N/m^2）

P_{ref}：參考音壓 = 2×10^{-5}(Pa)

【範例2-4】一部轉動中的泵（pump），其傳遞至 10 公尺處的音壓（P）為 10Pa（N/m^2），試求此點對應的音壓位準（SPL）為若干？

[解]

$$SPL = 20 \log(P/P_{re})$$
$$= 20 \log(10/2 \times 10^{-5})$$
$$= 114 \text{ dB}$$

2.2.4 音功率與音能位準及音源的對照

相關音功率與音能位準及其相應音源的對照如表 2.1

表 2.1　音功率與音能位準及其相應音源的對照 [2]

音功率（Watt）	Lw(dB)	音源等級
10^8	200	土星型火箭
10^7		
10^6	180	
10^5		
10^4	160	波音 707 型（全推力）
10^3		
10^2	140	75 人交響樂團
10	150（人體最高忍受極限）	
1	120	鏈條鋸
10^{-1}		
10^{-2}	100	
10^{-3}		一般汽車
10^{-4}	80	
10^{-5}		正常交談

音功率（Watt）	Lw(dB)	音源等級
10^{-6}	60	
10^{-7}		
10^{-8}	40	
10^{-9}		低語
10^{-10}	20（人耳最低聽覺極限）	
10^{-11}		
10^{-12}	0	

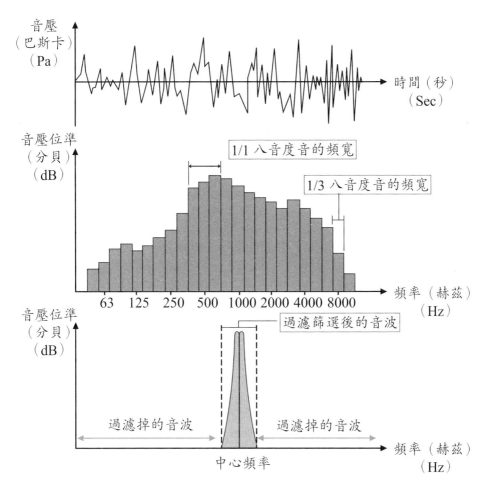

圖 2.2　八音度音頻圖

2.3 八音度頻譜

常用之 1/1 頻譜與 1/3 頻譜，如表 2.2。

表 2.2　國際間常用的 1/1 頻譜及 1/3 頻譜

1/1 八音度音階頻率（Hz）			1/3 八音度音階頻率（Hz）		
下限頻率	中央頻率	上限頻率	下限頻率	中央頻率	上限頻率
11	16	22	14.1	16.0	17.8
			17.8	20.0	22.4
			22.4	25.0	28.2
22	31.5	44	28.2	31.5	35.5
			35.5	40.0	44.7
			44.7	50.0	56.2
44	63	88	56.2	63.0	70.8
			70.8	80.0	89.0
			89.1	100.0	112.0
88	125	177	112.0	125.0	141.0
			141.0	160.0	178.0
			178.0	200.0	224.0
177	250	355	224.0	250.0	282.0
			282.0	315.0	355.0
			355.0	400.0	447.0
355	500	710	447.0	500.0	562.0
			562.0	630.0	708.0
			708.0	800.0	891.0
710	1000	1420	891	1000	1122
			1122	1250	1413
			1413	1600	1778

1/1 八音度音階頻率（Hz）			1/3 八音度音階頻率（Hz）		
下限頻率	中央頻率	上限頻率	下限頻率	中央頻率	上限頻率
1420	2000	2840	1778	2000	2239
			2239	2500	2818
			2818	3150	3548
2840	4000	5680	3548	4000	4467
			4467	5000	5623
			5623	6300	7079
5680	8000	11360	7079	8000	8913
			8913	10000	11220
			11220	12500	14130
11360	16000	22720	14130	16000	17780
			17780	20000	22390

2.4 音量加成、相減與平均

2.4.1 音量加成

2.4.1.1 公式

A. 音能位準

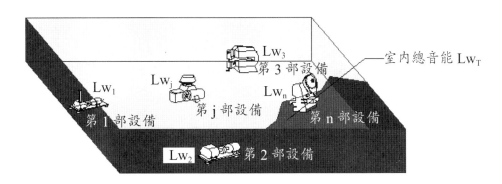

圖 2.3　密閉室內的 n 個設備之音能位準

$$Lw_T = 10\log\,(W_T/W_{ref}) = 10\log\sum_{i=1}^{n}10^{Lwi/10} \qquad (2.4)$$

【範例 2-5】機器房內有六部空氣壓縮機集中於一處，其音能位準各別為 90、95、88、102、85、92dB，試求其總音能位準值。

[解]

$$SPL_T = 10\log\sum_{i=1}^{6}(10^9 + 10^{9.5} + 10^{8.8} + 10^{10.2} + 10^{8.5} + 10^{9.2}) = 103.53\text{dB}$$

B. 音壓位準

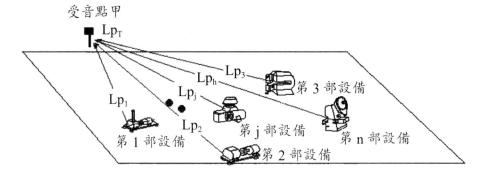

圖 2.4　n 個設備傳送音波至受音點甲的音壓位準

$$Lp_T = 10\log\sum_{i=1}^{n}10^{Lp_i/10} \qquad (2.5)$$

【範例 2-6】在一組泵浦轉動設備表面外 1 公尺處，量測其音壓位準（SPL）的八音頻值如下，請求其綜合音壓位準值。

八音度頻率（Hz）	63	125	250	500	1000	2000	4000	8000
Lp-dB(A)	70	50	62	56	78	68	60	55

[解]

$$SPL_T = 10\log\sum_{i=1}^{8}(10^7 + 10^5 + 10^{6.2} + 10^{5.6} + 10^{7.8} + 10^{6.8} + 10^6 + 10^{5.5})$$

$$= 79.18\text{dB(A)}$$

【範例 2-7】在三部軸流風車傳至某遠處的民宅處的音量分別為 70dB、65dB 及 62dB，求在該民宅處的所承受三部風車的總音壓位準值為何？

[解]

$$SPL_T = 10\log\sum_{i=1}^{3}(10^{7.0} + 10^{6.5} + 10^{6.2}) = 71.7\text{dB}$$

2.4.1.2 概算法

A. 音能位準

2 個設備在密閉室內，第 1 部設備的音能位準為 Lw_1，第 2 部設備的音能位準為 Lw_2，概算密閉室內的總音能位準 - Lw_T，2 部設備的音能位準差為 $\Delta 1 = Lw1-Lw2$，總音能位準 $Lw_T = Lw1 + \Delta 2$ (2.6)

表 2.3 簡略音量加法

$\Delta 1 = Lw1-Lw2$ - 位準差值（dB）	$\Delta 2 = LwT-Lw1$ - 音量增值（dB）
0 ～ 1	3
2 ～ 3	2
4 ～ 9	1
大於 10	0

【範例 2-8】同範例 2-5，機器房內有六部空氣壓縮機集中於一處，其音能位準各別為 90、95、88、102、85、92dB，試概算其總音能位準值。

[解]

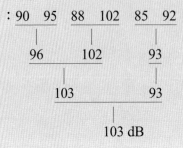

B. 音壓位準

概算 2 個設備在音點甲貢獻的合成音壓位準 - Lp_T，2 部設備的音壓位準差為 $\Delta 1 = Lp1\text{-}Lp2$，總音壓位準 $Lp_T = Lp1 + \Delta 2$　　　　　　(2.7)

表 2.4　簡略音量加法

$\Delta 1 = Lp1\text{-}Lp2$ - 位準差值（dB）	$\Delta 2 = Lp_T\text{-}Lp1$ - 音量增值（dB）
0〜1	3
2〜3	2
4〜9	1
大於 10	0

【範例 2-9】同範例 2-6，在一組泵浦轉動設備表面外 1 公尺處，量測其音壓位準（SPL）的八音頻值如下，請概算綜合音壓位準值。

八音度頻率（Hz）	63	125	250	500	1000	2000	4000	8000
Lp-dB(A)	70	50	62	56	78	68	60	55

[解]

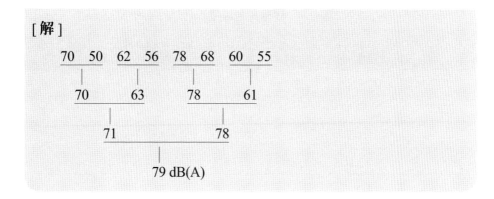

2.4.2 音量相減

當設備的音量受到當地背景的音量加成作用時，欲扣除背景音量則可用能量相減原理求得。

2.4.2.1 公式

設備啓動前，背景音量爲 $Lp_{(b)}$，啓動後，音量增爲 Lp_T，設備的音量貢獻 $Lp_{(comp)}$ 爲

$$Lp_{(comp)} = 10\log[10^{(Lp_T/10)} - 10^{(Lp(b)/10)}] \tag{2.8}$$

【範例 2-10】一組泵浦啓動前，在廠周界處的背景音量爲 $Lp_{(b)} = 58dB(A)$，啓動後，在同一周界位置的音量增爲 $Lp_T = 63dB(A)$，試求泵浦獨自傳至該周界位置的音量 $Lp_{(comp)}$ 爲若干？

[解]

$$Lp_{(comp)} = 10\log(10^{(63/10)} - 10^{(58/10)}) = 61.3dB(A)$$

2.4.2.2 查表修正法

某廠設備啓動前，背景音量爲 $Lp_{(b)}$，啓動後，音量增爲 Lp_T，設備的音量貢獻爲 $Lp_{(comp)}$

表 2.5　簡略背景音量修正法

$\Delta 1 = Lp_T - Lp_{(b)}$ - 位準差值（dB）	$\Delta 2 = Lp_T - Lp_{(comp)}$ - 背景音量修正值（dB）
$0 \sim 1$	3
$2 \sim 3$	2
$4 \sim 9$	1
大於 10	0

$$Lp_{(comp)} = Lp_T - \Delta 2 \tag{2.9}$$

【範例 2-11】同範例 2-10，一組泵浦啟動前，在廠周界處的背景音量為 $Lp_{(b)} = 58dB(A)$，啟動後，在同一周界位置的音量增為 $Lp_T = 63dB(A)$，試以查表概算泵浦獨自傳至該周界位置的音量 $Lp_{(comp)}$ 為若干？

[解]

　　$\Delta 1 = Lp_T - Lp_{(b)} = 63 - 58 = 5$ dB

　　查表 $\Delta 2 = 1$

　　$Lp_{(comp)} = Lp_T - \Delta 2 = 63 - 1 = 62$ dB(A)

2.4.3 音量平均

　　在特定點做若干次的音量測定，或在設備的四周做若干點的音量測定，欲計算測點的平均音量時，用能量平均原理求得。

2.4.3.1 公式

$$Lp_{(avg)} = 10 \log \left\{ \frac{1}{n} \left[\sum_{i=1}^{n} 10^{Lpi/10} \right] \right\} \tag{2.10}$$

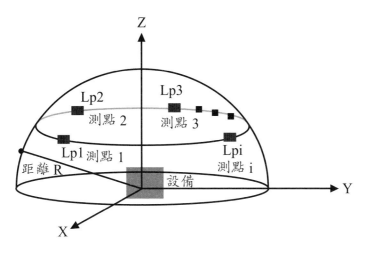

圖 2.5　設備的音量量測

【範例 2-12】地面有一組泵浦轉動時，設備表面外 1 公尺處平均取四
　　點做量測，量測其音量分別為 56.6、58.1、54.9、57.0 dB(A)，試求
　　其平均音壓位準值為若干？

[解]

$$\text{Lp}_{(avg)} = 10 \log \left\{ \frac{1}{4} [10^{5.66} + 10^{5.81} + 10^{5.49} + 10^{5.70}] \right\}$$

$$= 56.8 \text{ dB(A)}$$

2.5 空氣吸音

$$A_{ex} = 7.4 \left(\frac{f^2 r}{\phi} \right) 10^{-8} \text{ dB} \tag{2.11}$$

A_{ex}：攝氏 20 度下的空氣之聲音衰減（dB）

f：頻率（Hz）

r：音源與受音點的距離（m）

ϕ：相對濕度（%）

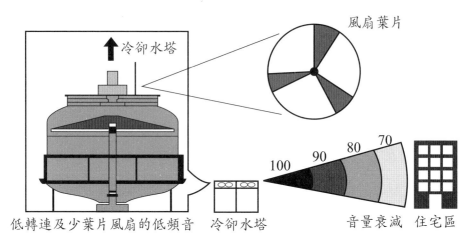

圖 2.6 低轉速及少葉片風扇的低頻音之距離衰減

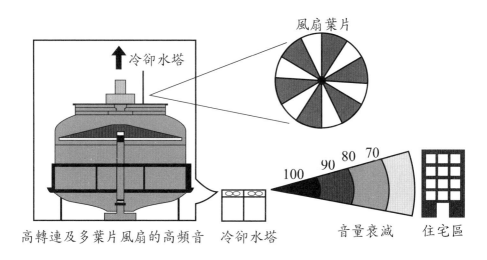

圖 2.7 高轉速及多葉片風扇的高頻音之距離衰減

【範例2-13】戶外有一等向性的點音源，其在4000Hz的音能位準（Lw）為 105dB，考慮空氣吸音之聲音衰減效應，試計算距離點音源 100 公尺外的受音點的音量（音壓位準）為若干？（戶外的溫度為攝氏 20

度，相對濕度為 50%）

[**解**]

$$A_{ex} = 7.4\left(\frac{f^2 r}{\phi}\right)10^{-8}$$

$$= 7.4\left(\frac{4000^2\,100}{50}\right)10^{-8}$$

$$= 2.368\text{dB}$$

$$\text{Lp} = \text{Lw} - 20\log(r) - 11 - A_{ex}$$

$$= \text{Lw} - 20\log(r) - 11 - 2.368$$

$$= 110 - 20\log(100) - 11 - 2.368$$

$$= 56.632\ \text{dB}$$

2.6 噪音暴露

表 2.6 工作環境下所允許的噪音位準與對應的暴露時間的關係

工作日允許暴露時間（小時）	A 權噪音音壓級 dB(A)
八	九十
六	九十二
四	九十五
三	九十七
二	一百
一	一百零五
二分之一	一百一十
四分之一	一百一十五

工作者每日在作業區內所受的總曝露計量（Noise Dose）- D，必須低於（不大於）1，每日總曝露計量（Noise Dose）D = $[C_1/T_1] + [C_2/T_2] + ... + [C_n/T_n]$ (2.12)

其中，D：每日總曝露計量

　　C_i：實際暴露在第 i 種噪音量下的時間

　　T_i：人在第 i 種噪音下所能忍受（允許）的時間

　　特定音壓位準 L，相應容許暴露的最大時間 $T = 8/2^{(L-90)/5}$ (2.13)

【範例 2-14】 若某工作者一日內，分別有 (1) 1 小時暴露在 105 分貝（A 加權）下；(2) 3 小時暴露在 95 分貝（A 加權）下，試計算其總曝露計量（Noise Dose）-D 爲若干？

[解]

　　$D = [C_1/T_1] + [C_2/T_2] + ... + [C_n/T_n]$

　　　$= [1/1] + [3/4] = 1.75$

　　未符合標準曝露計量限值 [D（標準）= 1]

【範例 2-15】 若某工作者暴露在 98 分貝（A 加權）的工作環境下，試問在標準曝露計量限值（D = 1）下，其允許逗留的最長時間爲何？

[解]

　　$T = 8/2^{(L-90)/5}$

　　　$= 8/2^{(98-90)/5}$

　　　$= 2.639$（小時）

2.7 聲音加權曲線

　　三種特性（A 特性、B 特性與 C 特性）之加權曲線如圖 2.8，其中又以 A 特性加權曲線最能代表人耳的反應。

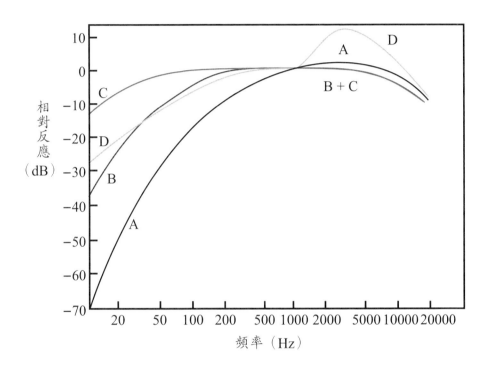

圖 2.8　A 特性，B 特性，C 特性三種加權曲線圖

人耳的 A 特性加權曲線與噪音計加權電網的比較，如圖 2.9，A 特性加權曲線之頻譜修正值，如表 2.7。

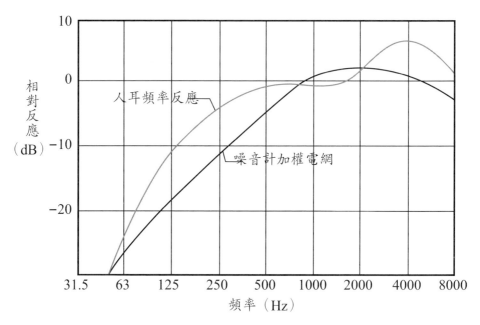

圖 2.9　人耳的 A 特性加權曲線與噪音計加權電網的比較

表 2.7　A 特性加權曲線 2 對應八音頻中心頻率的修正值

頻率	31.5	63	125	250	500	1k	2k	4k	8k	16k
修正值	−39	−26	−16	−9	−3	0	+ 1	+ 1	−1	−6

線性 [dB] 與 A 加權 [dB(A)] 的換算

A. 線性 [dB] → A 加權 [dB(A)]

　dB + 修正值　　　　　　　　　　　　　　　　　　　　　　(2.14)

B. A 加權 [dB(A)] → 線性 [dB]

　dB(A)- 修正值　　　　　　　　　　　　　　　　　　　　　(2.15)

【範例 2-16】一組軸流風車的線性八音頻的音能位準如下，請將其轉換成以人耳感受度為準的 A 加權的八音頻音能位準

頻率（1/1 八音度）-Hz	63	125	250	500	1k	2k	4k	8k
Lw(dB)	125	112	119	105	101	91	88	84

[解]

頻率（1/1 八音度）-Hz	63	125	250	500	1k	2k	4k	8k
Lw(dB)	125	112	119	105	101	91	88	84
A 加權修正	−26	−16	−9	−3	0	+1	+1	−1
Lw(dB(A))	99	96	110	102	101	92	89	83

2.8 室內設計曲線指標

最早一套考慮人耳感受下的室內背景噪音位準的設計曲線指標 -NC 曲線（如圖 2.10），是由美國 L.L. Beranek 於 1950 年代所發展出來，每條 NC 曲線都代表某一背景的設計音量的最大允許噪音量，這些 NC 曲線原先是用以規範室內的允許噪音位準。

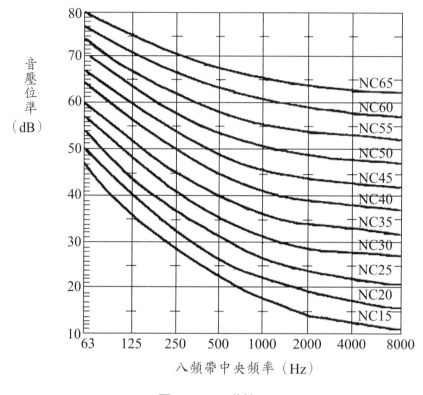

圖 2.10　NC 曲線 [4]

　　在歐洲由 Kosten and Van Os 發展出類似曲線，名為 NR（Noise Rating）曲線（圖2.11），且被廣泛使用，特別是應用於社區居民對噪音反應，NR 曲線亦為國際組織 ISO 所認同，NR 與 NC 曲線最大差異在前者對低頻比較寬鬆，而在高頻比較嚴格。

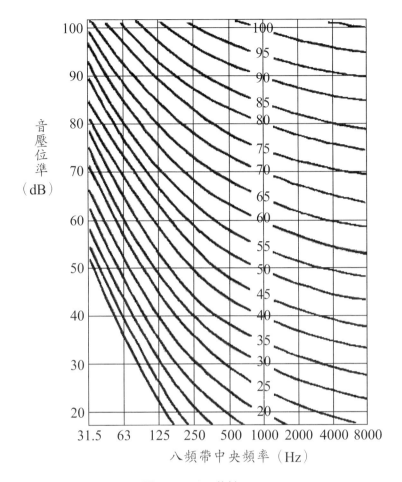

圖 2.11　NR 曲線 [4]

　　L.L. Beranek 又於 1971 年提出修正的 NC 曲線，稱爲 PNC（Preferred Noise-Criteria）曲線（圖 2.12），因爲原有 NC 曲線對噪音的低頻及高頻部分修正的不夠之故，此外，其建議的各種室內環境下的 NC 及 PNC 的適用值如表 2.8 所示。

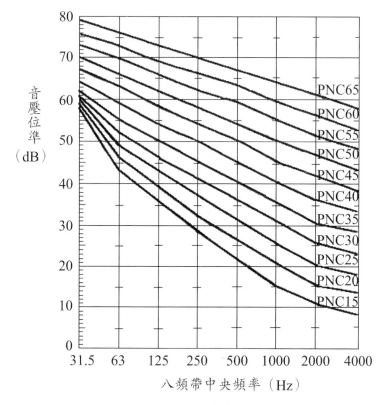

圖 2.12　PNC 曲線 [4]

表 2.8　建議的各種室內環境下的 NC 及 PNC 的適用值 [4]

環境	PNC 曲線	NC 曲線
音樂廳、歌劇院	10-20	10-20
錄音室	10-20	15-20
大禮堂	20 以下	20-25
小禮堂、小戲院	35 以下	25-30
臥室、醫院	25-40	25-35
私人辦公室、小會議室	30-40	30-35
起居室	30-40	35-45

環境	PNC 曲線	NC 曲線
大辦公室、接待室	35-45	35-50
大廳、實驗室	40-50	40-45
電腦室、廚房、洗衣店	45-55	45-60
商店、汽車間	50-60	-
不需交談的工作場所	60-70	-

在聲學上，NC/NR 曲線代表每個頻率下的音量可接受度，其總合成的 A 加權音量 -dB(A) 與 NC/NR 無法直接替換，相關 NR 與綜合音量（in dB(A)）的換算關係，如表 2.9。

表 2.9　NR 與綜合音量（in dB(A)）的換算

（International Organization for Standardization-ISO）

NR	（1/1）八音度中心頻率（Hz）									dBA Equivalent
	31.5	63	125	250	500	1k	2k	4k	8k	
20	69	51.3	39.4	30.6	24.3	20	16.8	14.4	12.6	30
25	72.4	55.2	43.7	35.2	29.2	25	21.9	19.5	17.7	35
30	75.8	59.2	48.1	39.9	34	30	26.9	24.7	22.9	39
35	79.2	63.1	52.4	44.5	38.9	35	32	29.8	28	44
40	82.6	67.1	56.8	49.2	43.8	40	37.1	34.9	33.2	48
45	86	71	61.1	53.6	48.6	45	42.2	40	38.3	53
50	89.4	75	65.5	58.5	53.5	50	47.2	45.2	43.5	58
55	92.9	78.9	69.8	68.1	58.4	55	52.3	50.3	48.6	62
60	96.3	82.9	74.2	67.8	63.2	60	57.4	55.4	53.8	67
65	99.7	86.8	78.5	72.4	68.1	65	62.5	60.5	58.9	72
70	103.1	90.8	82.9	77.1	73	70	67.5	65.7	64.1	77

NR	(1/1) 八音度中心頻率（Hz）									dBA Equivalent
	31.5	63	125	250	500	1k	2k	4k	8k	
75	106.5	94.7	87.2	81.7	77.9	75	72.6	70.8	69.2	82
80	109.9	98.7	91.6	86.4	82.7	80	77.7	75.9	74.4	87
85	113.3	102.6	95.9	91	87.6	85	82.8	81	79.5	91
90	116.7	106.6	100.3	95.7	92.5	90	87.8	86.2	84.7	96
95	120.1	110.5	104.6	100.3	97.3	95	92.9	91.3	89.8	101
100	123.5	114.5	109	105	102.2	100	98	96.4	95	106
105	126.9	118.4	113.3	109.6	107.1	105	103.1	101.5	100.1	111
110	130.3	122.4	117.7	114.3	111.9	110	108.1	106.7	105.3	116
115	133.7	126.3	122	118.9	116.8	115	113.2	111.8	110.4	121
120	127.1	130.3	126.4	123.6	121.7	120	118.3	116.9	115.6	126
125	140.5	134.2	130.7	128.2	126.6	125	123.4	122	120.7	131

【範例 2-17】在實驗室內量測其背景的線性八音頻的音壓位準如下，已知室內需求的音量標準為 NC45，試檢驗是否符合標準？

頻率（1/1 八音度）-Hz	63	125	250	500	1k	2k	4k	8k
Lp(dB)	47	50	55	50	45	45	41	40

[解]

由下圖得知實驗室內的背景音對應之 NC curve 為 NC 47，超出預期規劃的 NC 標準。

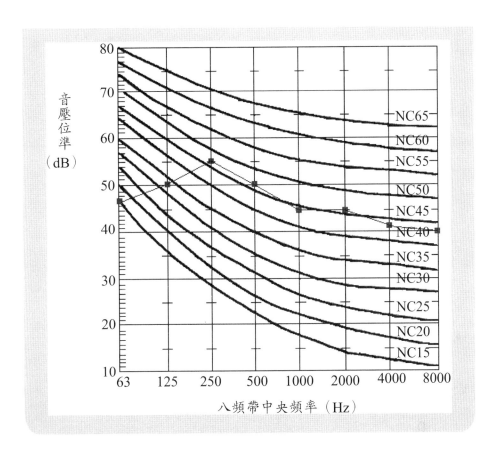

八頻帶中央頻率（Hz）

2.9 環境音量指標

2.9.1 均能音量

均能音量（Leq）是一特定時段內的聲音能量平均值：

$$Leq = 10 \log \left[\frac{1}{T} \int_0^T 10^{Lp(t)/10} \, dt \right] \tag{2.16}$$

若將上述時段內的聲音變化分成n等份之小時段Δti，均能音量（Leq）則可表示為

$$Leq = 10 \log \left[\frac{1}{T} \sum_{i=1}^{n} (10^{Lp_i/10})(\Delta t_i) \right] \tag{2.17}$$

【範例 2-18】某生在學校進行全天 24 小時的監測，每小時的均能音量記錄如下：

Time	Leq-dB(A)	Time	Leq-dB(A)	Time	Leq-dB(A)	Time	Leq-dB(A)
0-1	58.6	6-7	59.2	12-13	78.6	18-19	74.2
1-2	54.2	7-8	60.0	13-14	77.5	19-20	72.9
2-3	52.4	8-9	65.3	14-15	75.3	20-21	65.3
3-4	53.1	9-10	68.5	15-16	79.5	21-22	61.4
4-5	55.2	10-11	73.6	16-17	81.4	22-23	61.8
5-6	56.0	11-12	75.8	17-18	78.4	23-24	59.2

試求全天 24 小時的均能音量為若干？

[解]

$$Leq = 10 \log \left[\frac{1}{T} \sum_{i=1}^{n} (10^{Lp_i/10})(\Delta t_i) \right]$$

$$= 10 \log \left[\frac{1}{24} \sum_{i=1}^{24} (10^{Lp_i/10})(1) \right]$$

$$= 10 \log \left[\frac{1}{24} \begin{pmatrix} 10^{5.86} + 10^{5.42} + 10^{5.24} + 10^{5.31} + 10^{5.52} + 10^{5.6} + 10^{5.92} + 10^{6.0} + 10^{6.53} \\ + 10^{6.85} + 10^{7.36} + 10^{7.58} + 10^{7.86} + 10^{7.75} + 10^{7.53} + 10^{7.95} + 10^{8.14} \\ + 10^{7.84} + 10^{7.42} + 10^{7.29} + 10^{6.53} + 10^{6.14} + 10^{6.18} + 10^{5.92} \end{pmatrix} \right]$$

$$= 73.89 \text{ dB(A)}$$

2.9.2 統計性噪音量

統計性噪音量（statistical noise level, Lx）為一特定時段內的聲音累計分佈（cumulative distribution），可指出有多少百分比的時間的音量大小，一般常用的參數為 L_5、L_{10}、L_{50}、L_{90} 與 L_{95}

$$X = \frac{\sum\limits_{i=1}^{n} \Delta ti}{T} * 100\% \tag{2.18}$$

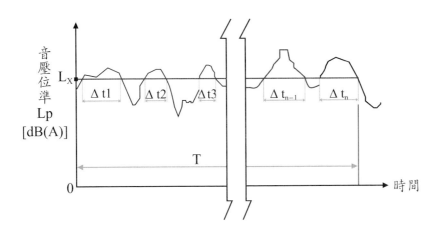

圖 2.13　統計性噪音量與時間性的關係

其中，

L$_5$：特定時段 T 內有 5% 的時間，音量超過此位準。

L$_{10}$：特定時段 T 內有 10% 的時間，音量超過此位準。

L$_{50}$：特定時段 T 內有 50% 的時間，音量超過此位準。

L$_{90}$：特定時段 T 內有 90% 的時間，音量超過此位準。

L$_{95}$：特定時段 T 內有 95% 的時間，音量超過此位準。

2.9.3 日夜均能音量

日夜均能音量 Ldn 為全日的評估音量指標之一種，係考慮夜間噪音的高敏感性，而予以加重其權數（10 分貝），定義如下：

$$Ldn\,(24\,小時) = 10\log\left(\frac{1}{24}\right)[mx10^{Ld/10} + nx10^{(Ln+10)/10}] \tag{2.19}$$

L_d：日間平均均能音量，dB(A) $= 10 \log \left[\dfrac{1}{m} \sum\limits_{i=1}^{m} (10^{Lpi_i/10})\right]$ (2.20)

L_n：夜間平均均能音量，dB(A) $= 10 \log \left[\dfrac{1}{m} \sum\limits_{i=1}^{m} (10^{Lpi_i/10})\right]$ (2.21)

m：日間時數（都市：07：00〜23：00；鄉村：07：00〜22：00）

n：夜間時數（都市：23：00〜07：00；鄉村：22：00〜07：00）

【範例2-19】某環保單位在某鄉鎮的住宅區內進行全天24小時的監測，每小時的均能音量記錄如下：

Time	Leq-dB(A)	Time	Leq-dB(A)	Time	Leq-dB(A)	Time	Leq-dB(A)
0-1	50.6	6-7	53.2	12-13	69.8	18-19	69.2
1-2	52.0	7-8	58.0	13-14	65.5	19-20	65.9
2-3	52.2	8-9	59.9	14-15	67.3	20-21	63.3
3-4	51.1	9-10	60.5	15-16	68.2	21-22	58.4
4-5	53.2	10-11	64.6	16-17	65.5	22-23	56.8
5-6	54.0	11-12	68.8	17-18	66.4	23-24	53.2

試求 L_d、L_n 及 L_{dn} 爲若干？

[解]

$$L_d = 10 \log \left[\frac{1}{T} \sum_{i=1}^{m} (10^{Lp_i/10})(\Delta t_i)\right]$$

$$= 10 \log \left[\frac{1}{15}(10^{5.8} + 10^{5.99} + 10^{6.05} + 10^{6.46} + 10^{6.88} + 10^{6.98} + 10^{6.55} + 10^{6.73} + \right.$$
$$\left. 10^{6.82} + 10^{6.55} + 10^{6.64} + 10^{6.92} + 10^{6.59} + 10^{6.35} + 10^{5.84}\right]$$

$$= 66.11 \text{dB(A)}$$

$$Ln = 10 \log \left[\frac{1}{T} \sum_{i=1}^{n} (10^{Lp_i/10})(\Delta t_i)\right]$$

$$= 10 \log \left[\frac{1}{9}(10^{5.06} + 10^{5.2} + 10^{5.22} + 10^{5.11} + 10^{5.32} + 10^{5.4} + 10^{5.32} + 10^{5.68} + 10^{5.32})\right]$$

$$= 53.3 \text{ dB(A)}$$

$$Ldn\,(24\,\text{小時}) = 10 \log\left(\frac{1}{24}\right)[mx10^{Ld/10} + nx10^{(Ln+10)/10}]$$

$$= 10 \log\left(\frac{1}{24}[15*10^{66.11/10} + 9*10^{(53.3+10)/10}]\right)$$

$$= 69.52\text{dB(A)}$$

練習 2

1. 某轉動設備的音能（或音功率 W）為 40Watt，試換算其對應的音能位準值（Lw）為若干？

2. 一部轉動中的空氣壓縮機（air compressor），其產生的音能位準為 85dB，試求此設備所產生的音功率（W）為若干？若其產生的音能位準為 102dB，則該設備所產生的音功率（W）又為若干？

3. 一部轉動中的馬達，其傳遞至大氣的音功率（W）為 15Watt，假設此音源無方向性，試求距離馬達 5 公尺處的音強（I）及對應的音強位準（L$_I$）為若干？

4. 一部轉動中的泵（pump），其傳遞至 15 公尺處的音壓（P）為 8Pa（N/m^2），試求此點對應的音壓位準（Lp）為若干？

5. 戶外有一等向性的點音源，其在 500Hz 的音能位準（Lw）為 110dB，考慮空氣吸音之聲音衰減效應，試計算距離點音源 150 公尺外的受音點的音量（音壓位準）為若干？（戶外的溫度為攝氏 20 度，相對濕度為 40%）

6. 若某工作者一日內，分別有 (1)0.1 小時暴露在 105 分貝（A 加權）下；(2)0.5 小時暴露在 100 分貝（A 加權）下；(3)2 小時暴露在 97 分貝（A 加權）下；(4)2.5 小時暴露在 95 分貝（A 加權）下；(5)0.9 小時暴露在

92 分貝（A 加權）下；(6)2 小時暴露在 85 分貝（A 加權）下，試計算其總曝露計量（Noise Dose）- D 為若干？

7. 若某工作者暴露在 101 分貝（A 加權）的工作環境下，試問在標準曝露計量限值（D＝1）下，其允許逗留的最長時間為何？

8. 某生在學校進行全天 24 小時的監測，每小時的均能音量記錄如下：

Time	Leq-dB(A)	Time	Leq-dB(A)	Time	Leq-dB(A)	Time	Leq-dB(A)
0-1	52.1	6-7	55.4	12-13	62.2	18-19	69.3
1-2	53.2	7-8	38.0	13-14	60.7	19-20	62.2
2-3	51.3	8-9	54.6	14-15	63.5	20-21	58.7
3-4	51.6	9-10	58.8	15-16	68.2	21-22	56.3
4-5	57.8	10-11	59.1	16-17	63.7	22-23	54.8
5-6	53.9	11-12	63.5	17-18	66.7	23-24	52.5

試求全天 24 小時的均能音量為若干？

9. 某環保單位在某鄉鎮的住宅區內進行全天 24 小時的監測，每小時的均能音量記錄如下：

Time	Leq-dB(A)	Time	Leq-dB(A)	Time	Leq-dB(A)	Time	Leq-dB(A)
0-1	46.2	6-7	50.3	12-13	64.1	18-19	56.4
1-2	49.3	7-8	51.7	13-14	65.4	19-20	55.0
2-3	50.6	8-9	53.8	14-15	64.7	20-21	52.1
3-4	48.8	9-10	58.2	15-16	62.3	21-22	53.2
4-5	47.9	10-11	60.8	16-17	60.6	22-23	50.6
5-6	48.1	11-12	63.3	17-18	58.9	23-24	49.0

試求 L_d、L_n 及 L_{dn} 為若干？

10. 六部空氣壓縮機集中於一處，其音能位準各別為 99、102、95、100、

90、97dB，試求其總音能位準值。

11. 泵（pump）的音能位準各別為 80、92、90、95、97、83dB ，試求其 A 加權的總音能位準值。

(1/1) 八音度頻率 (Hz)	125	250	500	1000	2000	4000	總音能位準
Lw-dB	80	92	90	95	97	83	

第三章　噪音對人影響

3.1 人耳的構造

人耳的構造是由外耳、中耳、內耳三部份所組成，

外耳：包括著耳廓與外耳道。耳廓負責收集聲音的功能，外耳道負責傳導聲音。成人的外耳道直徑約 0.7cm，長約 2.5cm。

中耳：包括耳膜與三根聽小骨（錘骨、鉆骨與鐙骨）。耳膜將空氣中的音波轉換成固體振動。三根聽小骨放大聲音與改變肌肉張力以保護高噪音下的聽力。

內耳：包括耳蝸與前庭半規管二大部分。耳蝸部分負責聽覺，前庭半規管部分則負責平衡，耳蝸部分集合成耳蝸神經，半規管部分集合成前庭神經，此二神經再合在一起形成耳蝸前庭神經，就是第八對腦神經，由此再走入腦幹的聽覺神經核，接著上達大腦的聽覺中樞。聽覺中樞的主要區域在大腦的顳葉。故耳朵只是用來傳導聲音，最終仍須靠大腦聽聲音。耳蝸部分為一長約 3.5cm，像捲了兩圈半的蝸牛狀之組織，其體積約為 0.05cm^3，其內部充滿液體，耳蝸內的基底膜（basilar membrane）有四排的聽覺細胞（hair cell），約有 20000～30000 個。當受到聲音作用時，聲波經由外耳道碰撞到耳膜，然後將能量傳遞至中耳內的三根聽小骨，同時將聲波信號放大傳遞至內耳中的液體，在經由液體將能量傳遞至內耳的聽覺細胞。因為聽覺細胞的壓電作用（piezoelectric effect），聽覺細胞產生電擊刺激神經，再傳至大腦，因而聽到聲音，各部分的功能說明簡述如表 3.1。

表 3.1　人耳各部份的構造與功能 [5]

名稱		構造與功能
外耳	耳廓	集音功能
	耳道	長約 2cm，為音波的共鳴室，共鳴頻率為 2500～3000Hz
	耳膜	厚約 0.1mm、直徑約 1cm 的高感度淺漏斗狀薄膜，聲波撞擊耳膜，產生耳膜共振並傳遞振動波至聽小骨
中耳	鼓室	內部充滿空氣約為 1～2cm³，內有耳小鼓，連接於耳管
	耳小骨	由鎚骨（固著於耳膜）、鉆骨、鐙骨（崁於前庭窗）所形成，將耳膜的振動放大 20 倍再傳到前庭窗
	卵圓窗	鐙骨振動，引發內耳淋巴液振動，此振動最後由卵圓窗釋放
	耳咽管	連接中耳腔與咽喉，為常閉，用於消除耳膜內外的壓力差
內耳	前庭、半規管	前庭器官的前庭小室入口，面積約鼓膜的 1/7，能感覺身體傾斜的器官
	耳蝸	聲音的感覺器官，為充滿淋巴液的蝸牛狀管袋，由前庭窗至渦形孔，以基底膜分為上下，上有感覺器官的科氏器（Corti）排列，以基底膜振幅最大之位置判別聲音的高低，以來自科氏器（Corti）的聽神經信號數判定聲音的大小

3.2 噪音的影響

　　過度的噪音，直接造成聽力的損失，此為感音性聽力損失（Perceptive Hearing Loss），另外由疾病或外傷導致中耳或外耳受傷者為傳音性聽力損失（Conductive Hearing Loss），另暴露工業噪音引起的聽力損失稱為工業

性噪音失聰（Industrial Noise-Induced Threshold Shift），而由日常社交環境噪音引起的聽力損失則稱為社交性失聰（Socio-cusis），此外，由於年歲增長自然老化而產生的聽力損失稱為老年性失聰（Presbycusis）。

　　就外在環境的噪音對人體所產生的影響而論，其所引起的身心效應，大體而言可區分為聽覺效應、非聽覺的生理效應、與非聽覺的心理效應三大類，概述如下

3.2.1 聽覺效應

　　人耳的構造如圖 3.1，聲音的傳導途徑大體而言為：聲音→耳殼／外耳道→耳膜→三小聽骨→卵圓窗→耳蝸→聽神經→大腦聲音經過外聽道，

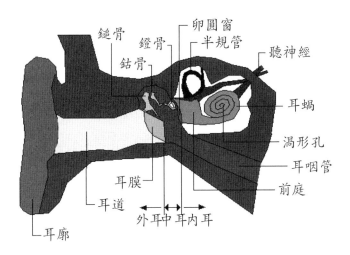

圖 3.1　人耳的構造

　　聲波經耳殼收集後，傳遞至鼓膜，再藉由中耳三個聽骨的槓桿原理將振動能放大，傳至卵圓窗（橢圓形窗），再透過卵圓窗進入內耳的耳蝸。耳蝸裡面充滿了液體。聲波進入內耳後，液體產生波浪，在不同部位產生不同的壓力。聲波經過前庭，循末端的渦形孔抵達耳室，會造成基底膜振動不同位置的位移。

　　由於基底膜上的聽覺細胞，由底端至尖端方向時，其長度由 0.04mm 漸增至 0.5mm（勁度 K 漸減），而聽覺細胞的質量負載漸增（質量 M 負載漸增），使得基底膜上的聽覺細胞有著不同的共振頻率，且由底端至尖端的聽覺細胞之共振頻率漸減。當頻率（f）大於 200Hz 時，基底膜最大振幅位置（x：至底端距離 cm）可由下式概略估算 [7]：

$$\log f = 4 - 0.72x + \log 2.5 \,(f > 200Hz)$$

　　對於高頻音，基底膜的響應多集中在底端；對於低頻音，基底膜的響應雖然多集中在尖端，但是基底膜的底端亦有相當響應。

　　當振動頻率高（15000Hz）時，基底膜振動的最大振幅發生在耳蝸的入口處，當振頻率變低（200Hz）時，基底膜振動的最大振幅則移往渦形孔。當基底膜因特定頻率而產生特定位移時，在其上面的感覺器官（耳朵的聽覺接收器）- 科氏器（Corti）之毛樣細胞，會因為上面比較硬的蓋膜碰撞，或受內耳波浪衝擊而彎曲，此時會產生神經衝動（其神經衝動的次數即代表音量的大小），經由聽神經傳到大腦皮質部的聽覺區，讓人聽到聲音。毛樣細胞分為外與內兩種。它們的纖毛會穿過網狀膜，形成三排室外毛樣細胞一排內毛膜細胞的排列。當聲波中的特定頻率。使基底膜的特定不為產生位移時，外毛樣細胞纖毛會碰觸較硬之蓋膜，產生彎曲造成細胞內部的去極化（depolarization），而形成神經衝動，神經衝動愈多次則代表音量愈大。內毛樣細胞纖毛則不接觸蓋膜，但會受基底膜與蓋膜之間液體幌動的影響而彎曲，因此而產生神經衝動。

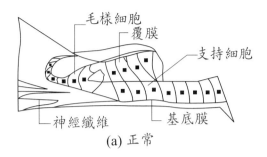

(a) 正常

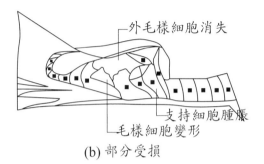

(b) 部分受損

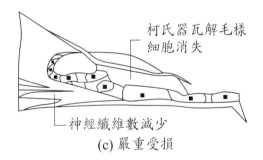

(c) 嚴重受損

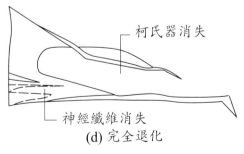

(d) 完全退化

圖 3.2　(a)(b)(c)(d) 為科氏器（Corti）的受損情形 [6]

　　大體而言，外毛樣細胞可偵測微弱的聲音；內毛樣細胞則在聲音不太微弱下，可偵測基底膜彎曲之準確位置，故對聲音頻率有較好的掌握。由於毛樣細胞可以偵測聲音中的音量與頻率，並傳至大腦的聽覺中樞做進一步處理。所以科氏器（或毛樣細胞）的損傷，將會導致「神經性耳聾」，造成聽力損失，很不幸的，在高噪音環境下長期暴露，將會導致這種結果，圖 3.2 為科氏器（Corti）的受損情形，其中 (a) 為正常；(b) 部分受損；(c) 嚴重受損；(d) 完全退化。持續以特定頻率聲音，傷害基底膜對該頻率產生反位移的部位，則以後對該瓶率帶之聲音將無法偵測。但幸運的是，由於一般聲音（如交談的語言）是由多種頻率組成的，亦即大部份的聲音具有「冗餘性」（redundancy），只要偵測一小部份頻率，就大約可以瞭解這個聲音的意義。所以大部份的人不知道自己所受到的傷害，因為大腦會自動將聽不到的頻率，用其他頻率所收到的訊息將他彌補過來，但當有一天損失範圍較為廣泛時，這種彌補作用就不再有效了。

　　對於聲音閾值的定義有下列三種：

(1)聽力界限或聽力閾值（threshold of audibility or threshold of hearing）：

　　所謂聽力界限是指在此界限上的聲音，人們可聽到；在此界限下的聲音，人們聽不到。在 f < 4000Hz，頻率愈低，聽力界限漸高，在 f > 4000Hz，頻率愈高，聽力界限也漸高（對聲音靈敏度低）。在 1000Hz 時，聽力界限約為 0dB，而在 4000Hz 時，聽力界限最低（對聲音靈敏度高）。

(2)感覺閾值（threshold of feeling）：

　　其值約為 120dB，在此界限上，人耳對聲音已失去大小分辨能力。

(3)疼痛閾值（threshold of pain）：

　　其值約在 140dB，此時中耳感到疼痛且內耳聽覺細胞將被破壞。

　　中耳有一聲反射作用（acoustic reflex），當很響的聲音經由耳膜與聽

小骨傳至中樞神經後約 40 ～ 80ms[7]（或 40 ～ 160ms[8]），由於耳膜緊張肌與鐙骨神經會將聽小骨機構變硬，使得在 1000Hz 以下的低頻聲音會被衰減 30 ～ 40dB，以保護耳蝸內的聽覺細胞（hair cell）。但是由於聲反射作用的反應時間至少需要 40ms，因此對於突發且巨大的衝擊性噪音（例如：槍聲），如果其發生的期間小於 40ms，聲反射作用也將喪失，如此的衝擊聲易造成聽覺細胞的傷害，亦即聽力損失。由於上述中耳的聲反射作用（acoustic reflex），隨著聲音強度的大小與持續的時間長短，聽力閾值亦會漸漸增加。如果當外界聲音停止後一段時間，聽力界限又會逐漸恢復到原先的位置，此一現象稱為暫時聽力界限改變或暫時聽力損失（temporary threshold shift, TTS）。如果聽力界限無法恢復到原先狀態，則此一現象為永久聽力界限改變或永久聽力損失（permanent threshold shift, PTS），此時內耳的聽覺細胞已因巨大的聲音或長久暴露在高噪音下遭受破壞。當聽閾值增大（Hearing Threshold Shift）時，即是導致所謂聽力的損失。

依聽力受傷害的快慢可分成立即性的聽力損失及緩慢的聽力損失二種，前者是承受「衝擊性噪音」（impulsive noise），在瞬間即可對聽力造成立即性的傷害，所謂衝擊性噪音是指「上升到尖峰強度值不超過 35 毫秒，且從尖峰值降到與尖峰值差距 20dB 以下的時間，不超過 500 毫秒的聲音」者，如爆炸力強大的鞭炮、火藥、射擊、鎚擊聲等，後者則是暴露在 90 分貝以上的聲音環境下所產生的較為緩慢的聽力損失，以聽力損失的傷害程度可分為二大類：

(1)暫時性聽力損失（Temporary Threshold Shift, TTS）：

當聽力離開噪音環境一段時間後可以恢復者稱為暫時性聽力損失（Temporary Threshold Shift, TTS），調查結果顯示，女性在低頻聲音的 TTS 上之偏移量，小於男性 [女性在低頻的聽力損失小於男性]；男性則

在高頻聲音上，比女性有較小之 TTS 男性在高頻的聽力損失小於女性]。

(2)永久性聽力損失（Permanent Threshold Shift, PTS）：

若為經常發生短暫聽覺閾偏移現象或長期處於環境噪音下，毛樣細胞因長期刺激而無法復原者，聽力損失將由暫時性聽力損失轉變成永久性聽力損失（Permanent Threshold Shift, PTS），此時內耳神經纖維因萎縮退化結果，已無法產生聽覺。

不同人耳對不同頻率的聲音敏感度各不相同，對於高頻音較敏感而對低頻音較不敏感，噪音引起的聽力受損頻率最先發生於 4000Hz 左右，Taylor 等人 [9] 由調查織布工人的聽力損失結果得知，以 4000Hz 左右的聽力受損最為嚴重，Sulkowski 等人 [10,11] 對冶金工廠工人的聽力調查報告中，亦得相同的結果，此外，暴露年數愈長時，聽力受損亦愈嚴重，除了上述頻率特性、暴露時間長短會影響聽力損失外，噪音音壓位準大小、音頻特性、音壓上升速率以及個人敏感度均為影響因子，其中以 1500 ～ 4000Hz 之間最易受損。

國內王老得 [12] 指出，台北市國小聽障學童的出現率，在民國 57 年時，台北市 32 所國小的聽障學童約佔全部國小的 7.14%，但在民國 67 年時，則已上升為 10.56%。造成國小生聽障比例的增加，經研判係因整個環境噪音位準昇高之故。

對於上述工作所造成的聽力損失，雇主所作巨額金錢賠償案例有責賠償，以美國聯邦與州政府在 1984 年所作其國內的調查 [13] 為例，已高達伍仟陸佰萬美元，故勞工聽力之保護是一極重要議題，值得相關單位及雇主警惕與關注。

3.2.2 非聽覺的生理效應

噪音除直接造成聽力損失外，其對人生理上的危害亦很明顯（圖 3.3），長期的噪音暴露，對人類而言是否會使血壓升高？在吳聰能 [14] 所

做的研究勞工的血壓與工作環境噪音的關係調查裡，結果發現噪音環境下的勞工之收縮壓及舒張壓，均明顯高於非噪音環境下的勞工。對動物的成長與噪音環境的關係，在黃乾全 [15] 調查小白鼠在不同噪音環境下的生長發育調查報告中，顯示當噪音高於 70 分貝時，即對小白鼠的生長產生很明顯的影響。雖然眾多的研究結果尚無法整理出一致的結論出來，但仍傾向於認為噪音可能是上述成長乃至心血管系統病變的因子。

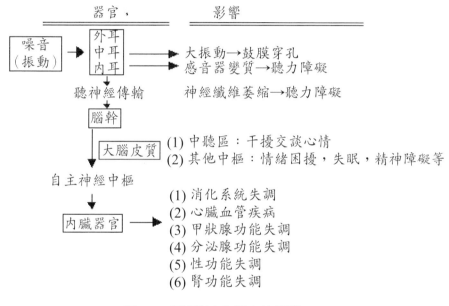

圖 3.3　噪音對人生理上的影響 [5]

　　在多長與多大的噪音量上，可影響到體內系統的運作、聽覺閾的短暫改變、與引起失眠或使睡眠階段（如作夢期）產生改變，並不易決定，譬如美國環境保護署（USEPA）、國際標準組織（ISO）、與美國職業安全與衛生局（OSHA）就曾針對此問題，引起很大的爭議。USEPA 與 ISO 認為每加 3 分貝，則忍受時間應減半的理由，此乃當某音比另一音高出

3 分貝時，即表示某音的能量是另一音的兩倍；美國職業安全與衛生局（OSHA）則認為每加 5 分貝，則忍受時間減半（最大音量限值 90dBA & 8hrs）。在一般生活環境中，應該設定多少分貝為生活環境噪音的保障標準？美國環保署認為生活環境噪音的保護標準，是指連續暴露在此標準下40 年，所引起之聽力損失不超過 5 分貝。該標準經研判大約是全天能量平均約 70dB(A) 左右。台灣也是參考該一 70 分貝標準（環境法規：工業區夜間 70dBA）與 5 分貝原理（最大音量限值 90dB(A) & 8hrs），來制訂有關的法令。

3.2.3 非聽覺的心理效應

由於人的消息處理容量有限，因此對於外界的感覺刺激，會依據其優先性與吸引力，被有選擇性的輸入人類的感官系統。在正常的工作或就學環境中（如在教室內上課），如有突然的噪音（如飛機聲）出現，則會吸引觀測者的注意，以致使他分心而干擾到正常的工作表現，增加了作業的錯誤率，或拉長了作業處理的時間（因為要抗拒噪音的干擾）。這種突然與間歇性的噪音，往往會來驚嚇反應（包括有瞳孔放大、皮膚電阻降低、呼吸加速、肌肉緊張、腦電波活躍等），這些影響大都與噪音剛出現時的新奇效果有關，會隨著重復出現而降低其影響力，在習慣化之後，噪音刺激不再具有新奇效果。一般而言，大聲與高頻的噪音比小聲與低頻者，更易干擾當前之注意力。但對簡單作業（如監視單一儀表的指標變化）而言，高低噪音的負面影響之差異並不顯著；若在複雜情境下（如同時監測儀表上溫度、壓力、高度的變化），則高低噪音量對人類表現的干擾影響，有很顯著的差異存在，亦即在高噪音量干擾下，人類偵測複雜作業的表現，會顯著變差，而且隨著時間之增長而變得更差。

此外，噪音對人類而言也是一種生活壓力的來源，生活壓力一般而言會使人產生過度的生理喚起、生活麻木、與產生攻擊性，這些似乎部是憂

鬱症的症狀。依據美國環保署的看法，當噪音值超過 75 分貝時，就會有百分之五十的社區居民會表示厭煩、憤怒的主觀感覺，且室內的談話就會有百分之三十的內容不易聽清楚，使人與人之間的溝通變得困難。噪音最重要的心理效應之一，就是令人厭煩（annoyed）。根據國內一項研究，發現社會經濟階層愈高的居民，對噪音的敏感度愈高，對鄰居音樂聲就已覺得吵；但低階層居民則從小孩喊叫聲以上，才會在主觀評定上認為「吵」或「令人厭煩」。

3.2.4 聲音遮蔽

噪音除直接造成聽力損失外，甚且會干擾交談，此乃由聲音遮蓋效應（Sound Masking Effect）所引起，由於噪音的遮蓋效應，其高噪音會使警示音無法被辨識或聽見，所以也會造成工安意外的發生，所以噪音不獨對人的生理、心理產生不良的影響外，亦與意外災害有關。

3.3 一般噪音法規規定

3.3.1 噪音管制標準

為了確保住家的安寧，避免人們的聽覺生理及心理受到噪音的影響，於是訂定噪音管制標準，噪音管制的對象包括 (1) 工廠；(2) 娛樂場所、營業場所；(3) 營建工程；(4) 擴音設施等四大類，監控的聲音頻率範圍由 20Hz ～ 20KHz，監控的時段分為早、日、晚、夜四個時段，依土地使用目的之不同將管制類別分為第一、二、三、四類，其中，以第一類別最為嚴格（亟需安靜之場所），第四類別最為寬鬆（專業工業區），音量單位為 dB(A)，相關詳細的噪音管制標準內容及音量限值，如附錄 B-1。

3.3.2 勞工安全衛生法令

勞工工作場所因機械設備所發生之聲音超過九十分貝時，雇主應採取工程控制、減少勞工噪音暴露時間，使勞工噪音暴露工作日八小時日時量

平均不超過表列之規定值或相當之劑量值，且任何時間不得暴露於峰值超過一百四十分貝之衝擊性噪音或一百十五分貝之連續性噪音；對於勞工八小時日時量平均音壓級超過八十五分貝或暴露劑量超過百分之五十時，雇主應使勞工戴用有效之耳塞、耳罩等防音防護具，相關詳細的勞工安全衛生法令內容，如附錄 B-2。

3.3.3 環境音量標準

　　為了維護大眾的居家環境音量品質，故頒定環境音量標準，管制的對象包括 (1) 一般鐵路；(2) 高速鐵路；(3) 大眾捷運系統；(4) 一般道路；(5) 一般地區，監控的時段分為早、日、晚、夜四個時段，依土地使用目的之不同將管制類別分為第一、二、三、四類（同噪音管制標準），使用音量參數為均能音量（Leq），音量單位為 dB(A)，相關環境音量標準如附錄 B-3。

練習 3

1. 就外在環境的噪音對人體所產生的影響而論，其所引起的身心效應，大體而言可區分為哪三大類？其影響分別為何？
2. 聽力損失的傷害程度可分為那哪二大類？其影響分別為何？

第四章　噪音儀器與量測

4.1 噪音儀器

　　一般用於室內及戶外做音響量測與分析的儀器如圖 4.1。

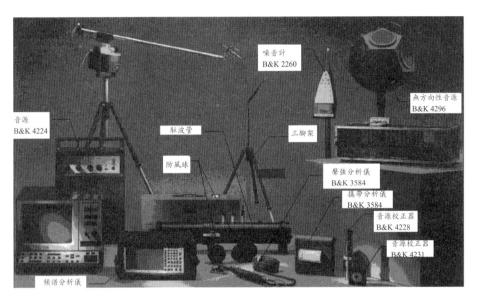

圖 4.1　室內及戶外的音響量測與分析儀器 [16]

　　其中，較常用於工廠的噪音診斷的音響設備則為噪音計，敘述如下：

4.1.1 噪音計

4.1.1.1 噪音計的種類

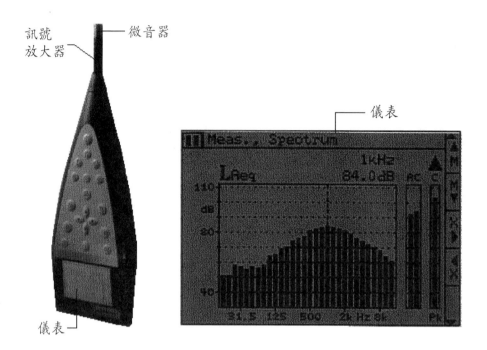

圖 4.2　精密噪音計 [16]

　　根據美國國家標準局對噪音計的分類共分四種，第一種為精密噪音計，第二種為一般噪音計，第三種為調查用噪音計，第四種為特殊用途噪音計，其中，第 1～3 種的用途相同，但精密度卻大不相同且價格各異，以第一種噪音計最精密且也最昂貴（如圖 4.2），反之，第三種噪音計的精密度最差但價格便宜，上述噪音計係量測音壓位準，操作簡單，使用率最普遍。

　　精密噪音計是一種積分型的噪音計，能在一段時間內累算音能並做均能音量計算者，依 IEC651 規定其精密等級區分與誤差如下表

表 4.1　精密噪音計的精密等級區分與誤差

精密等級	誤差	用途
IEC Type 0	±0.4 dB	實驗室標準
IEC Type 1	±0.7 dB	在特別規定或已控制的音響場所處使用
IEC Type 2	±1.0 dB	一般性現場用
IEC Type 3	±1.5 dB	簡易現場用

4.1.1.2 噪音計的結構

噪音計（如圖 4.3）的構造主要包括 (1) 微音器（microphone）；(2) 放大器（amplifier）；(3) 權衡電網（weighting network）；(4) 頻譜過濾器（frequency filter）；(5) 儀表。

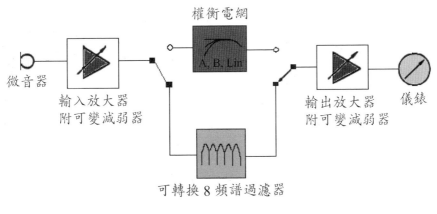

圖 4.3　噪音計的構造

麥克風內的薄膜感受音波的微弱音壓變化，將之轉換為電氣信號，再藉由權衡電網及頻率過濾器轉換音壓位準單位為 dB(A)、dB(B)、dB(C) 與 dB，並由信號輸出放大以 dB 值示於儀表上。

4.1.1.2.1 麥克風

噪音計上的麥克風種類有電容器型、陶瓷型、駐極電解體型、動力型麥克風等四種，目前以電容器型的麥克風爲主。

A. 電容器麥克風

電容器麥克風構造與電容器很接近，由兩片緊貼的板構成，其中一片爲振膜，隨聲波改變兩塊板之間距，於是電容量隨之變化，電容量的變化引起電路上電流的改變而產生電壓，此型結構簡單且體型小，失眞率非常低，音響性能與安定性俱優，相關電容器麥克風的構造與原理如圖 4.4，其中，使用的偏壓電壓約爲 20 ～ 200Volt，但環境溼度大時，其絕緣性降低，會有雜音產生。

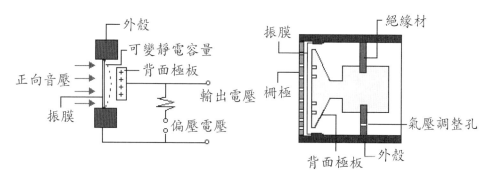

圖 4.4　電容器麥克風的構造與原理 [17]

常用的電容器麥克風有 1 吋（25.4mm）及 1/2 吋（12.7mm）麥克風兩種，其中，1 吋麥克風有較高的靈敏度，而 1/2 吋麥克風在高頻域的失眞度則較低。

B. 陶瓷麥克風

陶瓷麥克風由鋯鈦酸鉛等材料製成，具有壓電效果，能獲得較佳的頻率特性，價格低廉，因此亦被應用於噪音計上。

C. 駐極電解體麥克風

駐極電解體麥克風為半永久性儲存的電荷絕緣體，不需要做外部偏壓，駐極電解體使用絕緣性佳的聚四氟乙烯及聚酯系統的高分子薄膜做材料，其將駐極電解體貼於背極並將金屬噴塗於駐極電解體的振膜上，結構簡單且體積小，價格低廉，因此逐漸被應用於噪音計上。

D. 動力麥克風

將按裝於振膜後方的線圈置於圓筒型磁鐵的圓圈形空隙，藉由音壓推動線圈的磁通量變化產生感應電壓，由於輸出端的電阻值低，故不需前置放大器，能獲得較佳的頻率特性，此型麥克風多用於舊型噪音計，由於體型縮小有限，且易受外部磁力干擾，故已逐漸不被採用於噪音計上。

4.1.2 音源校正器

在進行聲音量測時，必須以音源校正器進行噪音計的校正，音源校正器用於校正音壓位準噪音計前端的麥克風準度，主要分為二種，一為活塞式聲音校正器（piston phone），另一為電功率轉換式校正器（transducer type calibrator），其中，活塞式聲音校正器的校正頻率為 250Hz，而電功率轉換式校正器的校正頻率則以 1000Hz 為主。

A. 活塞式音源校正器

活塞式音源校正器的標準音產生，是藉由馬達以機械式驅動活塞使產生因空洞部分容積變化而產生音壓者，如圖 4.5 所示，活塞以正弦形式做往覆運動，其材質是由特殊樹脂製成，能耐磨耗，活塞式音源校正器設計成 250Hz 處發出 114dB 或 124dB 的音壓位準如圖 4.6 所示。

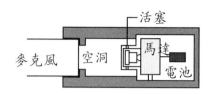

圖 4.5 活塞式音源校正器的構造與原理 [17]

RION NC-72

圖 4.6 活塞式音源校正器 [18]

B. 電功率轉換式音源校正器

電功率轉換式音源校正器的標準音產生，是藉由振盪器放大而產生音壓者，如圖 4.7 所示，電功率轉換式音源校正器設計成 1000Hz 處發出 94dB 的音壓位準如圖 4.8 所示。

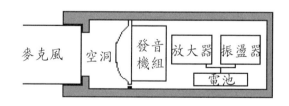

圖 4.7 電功率轉換式音源校正器的構造與原理 [17]

RION NC-73

圖 4.8 電功率轉換式音源校正器 [18]

4.1.3 防風球（wind screen）

在量測噪音時，若當地環境有大的空氣流動時（譬如風或氣體流動設備），當流過麥克風時，會產生紊流噪音而干擾量測，故必須在麥克風前端安置防風球（如圖 4.9），防風球的材質有聚胺酯成形與尼龍不織布等，用以消除在具流速的流體內所產生的渦旋流動噪音。

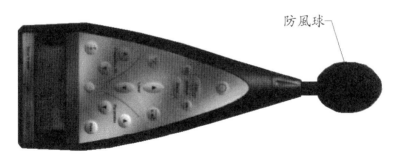

防風球

圖 4.9 防風球 [16]

4.1.4 頻譜分析儀（Frequency Analyzer）

頻譜分析儀（如圖 4.10）爲快速的傅立葉訊號轉換（fast fourier trans-

form）儀器，能偵測窄頻時域的訊號，同時可轉換爲頻域的反應圖，在針
對具有單頻音的音源分析裡或學術研究上，是一普遍且不可或缺的設備。

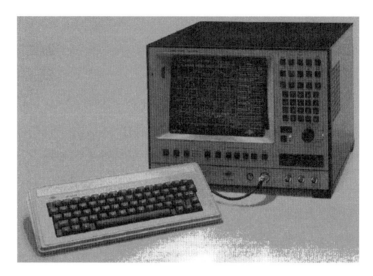

圖 4.10　頻譜分析儀 [16]

4.1.5 聲強分析儀（Sound Intensity）

　　由於音源產生的聲強具有方向性，故聲強聲強分析儀（如圖 4.11）適
用於具有高度背景音的環境下所進行的設備音能量測，因爲其能過濾（去
除）背景音的影響（如圖 4.12），但是操作上較費時，使用率較低。

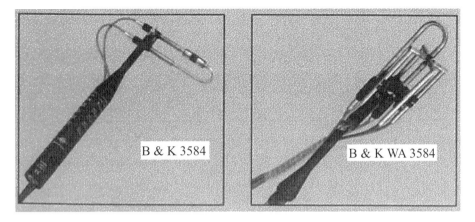

圖 4.11　聲強分析儀 [16]

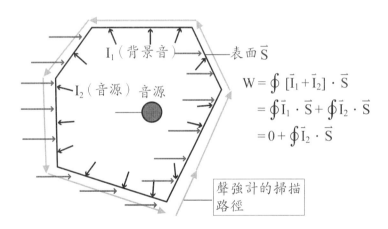

圖 4.12　聲強分析儀過濾背景音

4.1.6 無向性音源（OmniPower Sound Source）

　　無向性音源（如圖 4.13）的特性為使發出的音源無方向，常用作殘響室內的音源發生器設備。

圖 4.13　迴響室內的音源無向性音源（B&K）[16]

4.1.7 駐波管

駐波管（如圖 4.14）是用以量測吸音材料的正向吸音率的設備。

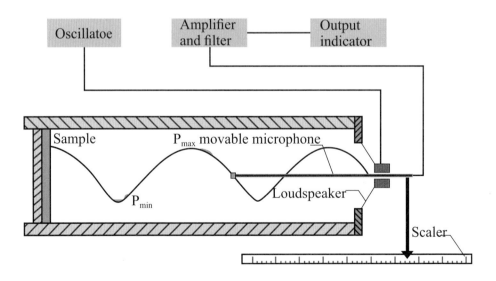

圖 4.14　駐波管的吸音率量測

4.2 噪音量測

依國內噪音管制法內的規定，不同發聲特性的音源，其噪音計量測時選用的參數與評估指標亦不相同，敘述如下：

4.2.1 噪音種類

4.2.1.1 穩定性噪音（Steady Noise）

噪音位準隨時間的變化小者稱之，例如一具有特定額定馬力的馬達以等速速度運轉的噪音即是。

4.2.1.2 變動性噪音（Fluctuating Noise）

為一不規則而隨時間連續變化達相當範圍的噪音者稱之，例如道路邊的交通噪音將隨著不同車種車速與車流量而不規則增減。

4.2.1.3 間歇性噪音（Intermittent Noise）

間歇性產生噪音，持續時間為數秒以上，前一個事件到下一個事件間隔的時間大致一定者稱之，其音量可為變化規則或不規則變化，例如列車噪音與飛機的噪音即是。

4.2.1.4 衝擊性噪音（Impulsive Noise）

衝擊性噪音是指「上升到尖峰強度值不超過 35 毫秒，且從尖峰值降到與尖峰值差距 20dB 以下的時間，不超過 500 毫秒的聲音」者，如爆炸力強大的鞭炮、火藥、射擊、打樁聲等。

4.2.2 量測儀器

使用我國國家標準 CNSNO.7127-7129 規定或具有等效規範之噪音計、記錄器、分析器、處理器等。

4.2.3 測定方法

4.2.3.1 動特性與評估指標

A. 穩定性噪音

噪音計上動特性之選擇為慢（slow）特性，評估指標為 Leq。

B. 週期性或間歇性的規則變動噪音

噪音計上動特性之選擇為快（fast）特性，評估指標為以連續五次變動之最大值（Lmax）平均之。

C. 其他不規則噪音

噪音計上動特性之選擇為快（fast）特性，評估指標為 Leq。

4.2.3.2 量測時間

連續八分鐘以上，取樣時距不得多於 2 秒。

4.2.3.3 量測高度

應置於離地面或樓板 1.2～1.5 公尺之間，接近人耳之高度為宜。

4.2.3.4 量測單位

分貝（dB(A)）。

4.2.4 注意事項

進行音量之量測時，應該先進行噪音計的校正，此外，亦應考慮天候及環境對量測結果的影響，下列不良的量測環境應予以避免，敘述如下：

A. 雨天

B. 強磁場區

C. 高風速

D. 爆破音

E. 避開反射音：與障礙物至少距離 1 公尺以上

練習 4

1. 進行音量之量測時，哪些不良的量測環境會影響噪音量測的準確性？

2. 請敘述一般量測的方法為何？

第五章　音源擴散的類型與音能預估

5.1 音源擴散的類型

依照音源大小及傳播的方式與方向性，可分為點音源、線音源與面音源等三類，敘述如下：

5.1.1 點音源（point source）擴散

當量測的距離遠大於音源設備的大小時，此無向性的噪音源如燃燒塔、泵浦、空氣壓縮機等之較小體積噪音源，均可視為點音源，點音源將以圓球體擴散的方式發射音波，在特定處的受音點所感受到的音量（音壓位準）大小，即是近似於每單位面積所接收到的音能位準大小。

一點音源的音能位準 Lw，距離點音源 r 公尺處的音壓位準表示如下：

$$Lp = Lw + 10 \log\left(\frac{Q}{4\pi r^2}\right) \tag{5.1}$$

或

$$Lp = Lw - 20\log(r) - 11 + 10\log(Q) \tag{5.2}$$

其中，Q 為點音源的方向性因子（Directivity Factor），其值如圖 5.1 所示。

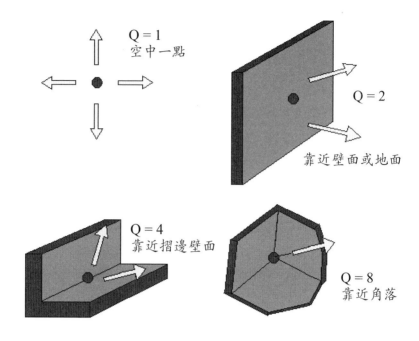

圖 5.1　點音源的方向性因子

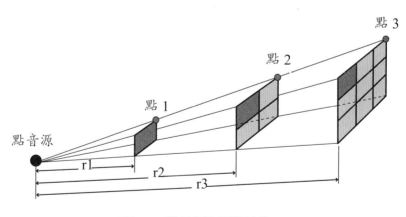

圖 5.2　點音源的音能擴散圖

　　點音源的音能擴散如圖 5.2，點 1 的音壓位準（Lp1）與點 2 的音壓位準（Lp2）分別為

Lp1 = Lw − 20log(r1) − 11 + 10log(Q)

Lp2 = Lw − 20log(r2) − 11 + 10log(Q)

二者差值：

Lp1 − Lp2 = 20log(r2/r1)

故當距離加倍時，音壓位準（Lp）將減少 6 分貝（如圖 5.3 所示）。

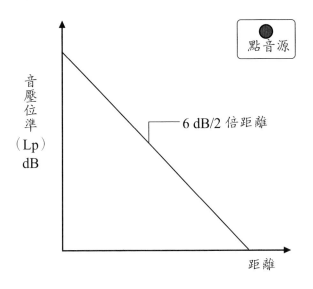

圖 5.3　點音源的音量（音壓位準）與距離之關係

【範例 5-1】一部遠離地面的空氣壓縮機之音能位準（Lw）爲
105dB(A)，假設此壓縮機爲點音源型式的擴散，試求其分別在 1m 及
5m 處的音壓位準（Lp）值。

[解]

(1) Lp(r = 1m) = Lw − 20log(r) − 11 + 10log(Q)

　　　　　　　=105 − 20log(1) + 10log(1)

　　　　　　　=80 dB(A)

(2) Lp(r = 5m) = Lw − 20log(r) − 11 + 10log(Q)

$\quad\quad\quad\quad\quad\quad$ = 105 − 20log(5) + 10log(1)

$\quad\quad\quad\quad\quad\quad$ = 94 dB(A)

【範例 5-2】一部貼近地面的空氣壓縮機在 1m 處測得的音壓位準（Lp）值為 83dB(A)，假設此壓縮機為點音源型式的擴散，試求 (1) 音能位準（Lw）；(2) 距離設備 2m 處的音壓位準（Lp）值。

[解]

$\quad$ (1) Lp = Lw − 20log(r) − 11 + 10log(Q)

$\quad\quad$ ⇒ Lw = Lp + 20log(r) + 11 − 10log(Q)

$\quad\quad\quad\quad$ = 83 + 20log(1) + 11 − 10log(2)

$\quad\quad\quad\quad$ = 91dB(A)

$\quad$ (2) Lp(r = 2m) = Lw − 20log(r) − 11 + 10log(Q)

$\quad\quad\quad\quad\quad\quad$ = 91 − 20log(2) − 11 + 10log(2)

$\quad\quad\quad\quad\quad\quad$ = 77 dB(A)

【範例 5-3】一部遠離地面的空氣壓縮機設備之八音度音能位準如下，距離設備 12 公尺處有一住家，試計算設備傳至住家的音量（音壓位準）為何？Unit in dB(A)。

八音度中心頻率 -Hz	63	125	250	500	1000	2000	4000	8000
音能位準 - dB	92	100	103	95	90	86	83	75

[解]

八音度中心頻率 -Hz	63	125	250	500	1000	2000	4000	8000

Lw（音能位準）-dB	92	100	103	95	90	86	83	75
A 加權	-26	-16	-9	-3	0	+1	+1	-1
Lw[dB(A)]	66	84	94	92	90	87	84	74
-20log(12)	-21.58	-21.58	-21.58	-21.58	-21.58	-21.58	-21.58	-21.58
Q	1	1	1	1	1	1	1	1
Lp(r = 12) = Lw − 20log(12) − 11 + 10log(Q) [dB(A)]	33.4	51.4	61.4	59.4	57.4	54.4	51.4	41.4

$$Lp_T = 10\log(10^{3.34} + 10^{5.14} + 10^{6.14} + 10^{5.94} + 10^{5.74} + 10^{5.44} + 10^{5.14} + 10^{4.14})$$

$$= 65.3 \text{ dB(A)}$$

5.1.2 線音源（Line Source）擴散

　　當無數無指向性的點音源連成一直線時，即成線音源，高速公路、高速鐵路、管線等之長直噪音源均屬於此類，線音源將以圓柱體擴散的方式發射音波，在特定處的受音點所感受到的音量（音壓位準）大小，即是近似於每單位面積所接收到的音能位準大小。

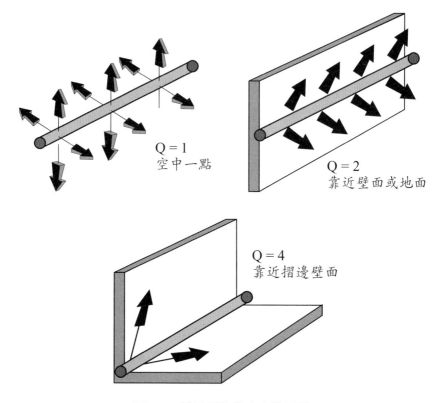

圖 5.4 線音源的的方向性因子

一長直噪音源的單位長度音能位準 Lw ，距離線音源 r 公尺處的音壓位準表示如下：

$$Lp = Lw + 10 \log \left(\frac{Q}{2\pi r} \right) \tag{5.3}$$

或

$$Lp = Lw - 10\log(r) - 8 + 10\log(Q) \tag{5.4}$$

其中，Q 為點線源的方向性因子（Directivity Factor），其值如圖 5.4 所示。線音源的音能擴散如圖 5.5，點 1 的音壓位準（Lp1）與點 2 的音壓位準（Lp2）分別為

Lp1 = Lw − 10log(r1) − 8 + 10log(Q)

Lp2 = Lw − 10log(r2) − 8 + 10log(Q)

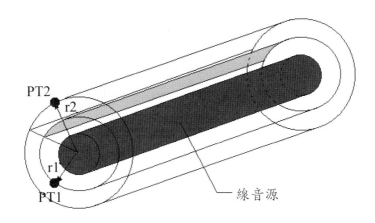

圖 5.5　線音源的音能擴散圖

二者差值：Lp1 − Lp2 = 10log(r2/r1)

故當距離加倍時，音壓位準（Lp）將減少 3 分貝；當量測點夠遠（r ≧ L/π）時，線音源可再被視為點音源，距離加倍，其音壓位準（Lp）將減少 6 分貝。（如圖 5.6 所示）。

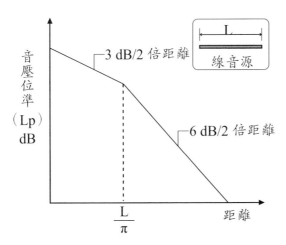

圖 5.6　線音源的音量（音壓位準）與距離之關係

【範例 5-4】工廠內有一條高架長直的設備管線，已知每公尺長的管線之音能位準在 2kHz 處為 102dB，試推算距離管線外 3 公尺處的音壓位準（2kHz）為若干？

[解]

$$Lp(r = 3m) = Lw - 10\log(r) - 8 + 10\log(Q)$$
$$= 102 - 10\log(3) - 8 + 10\log(1)$$
$$= 89.23 \text{ dB}$$

【範例 5-5】工廠地面有一條長直的設備管線，已知距離管線外 1 公尺處的音壓位準在 250Hz 處為 85dB，試推估距離管線外 5 公尺處的音壓位準（250Hz）為若干？

[解]

$$Lp1 - Lp2 = 10\log(r2/r1)$$
$$Lp2 = Lp1 - 10\log(r2/r1)$$
$$= 85 - 10\log(5/1)$$
$$= 78 \text{ dB}$$

5.1.3 面音源（Plane Source）擴散

當距離一大體積（長邊 L1* 短邊 L2）且有方向性的音源設備（如冷卻水塔進氣）不遠時，音源設備附近的聲音強度幾乎不變（如圖 5.7）。

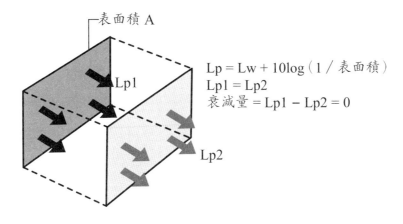

圖 5.7　面音源的音能擴散圖

若測點距離爲 L1/π ≧ r ≧ L2/π 時，加倍的距離將有 3 分貝的音量衰減；若測點距離非常遠時（r ≧ L1/π），此時音源設備可視爲點音源的方式處理，即加倍的距離將有 6 分貝的音量衰減（如圖 5.8）。

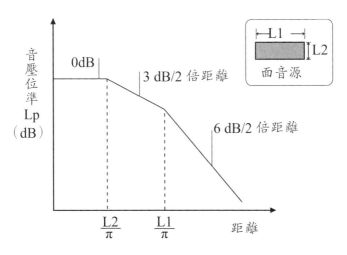

圖 5.8　面音源的音量（音壓位準）與距離之關係

5.2 噪音源的音能預估 [19]

5.2.1 一般設備的音能簡易估算

一般設備的音能估算，可由下列式子表示：

Fn = P/Pm   (5.5)

其中，P：設備的音能（Watt）

Pm：設備輸出的功率（Watt）

Fn：音能轉換因子（Sound power conversion factor）

常見的轉動設備之音能轉換因子，如表 5.1：

表 5.1   常見的轉動設備之音能轉換因子 [19]

音源設備	音能轉換因子（Fn）		
	低等轉換	中等轉換	高等轉換
空氣壓縮機（1-100hp）	3×10^{-7}	5.3×10^{-7}	1×10^{-6}
齒輪組	1.5×10^{-8}	5×10^{-7}	1.5×10^{-6}
擴音器	3×10^{-2}	5×10^{-2}	1×10^{-1}
柴油發電機	2×10^{-7}	5×10^{-7}	2.5×10^{-6}
電動機（1200rpm）	1×10^{-8}	1×10^{-7}	3×10^{-7}
泵浦（大於 1600rpm）	3.5×10^{-6}	1.4×10^{-5}	5×10^{-5}
泵浦（小於 1600rpm）	1.1×10^{-6}	4.4×10^{-6}	1.6×10^{-5}
氣渦輪機（gas）	2×10^{-6}	5×10^{-6}	5×10^{-5}

【範例5-6】請試預估具有中等音能轉換因子的100-hp電動機（electronic motor）在 1200rpm 時之總音能位準 LwT。

[解]

　　　P = Fn*Pm = $(1 \times 10^{-7})(100 \times 746)$ (Watt)

$$= 7.46 \times 10^{-3} \text{ (Watt)}$$

$$\text{Lw} = 10\log(P/10^{-12})$$

$$= 10\log[(7.46 \times 10^{-3})/10^{-12}]$$

$$= 99 \text{ dB}$$

5.3.1 音能的經驗式估算

5.3.1.1 風機（Fan）[19]

在缺乏風機或鼓風機（Blower）製造廠商的音量測試資料之情形下，Graham 提出預測離心式風機及軸流式風機的音能預估參考公式如下：

$$\text{LwT} = 10\log(\text{Fr}) + 20\log(\text{Ps}) + \text{Kf} \quad \text{dB} \tag{5.6}$$

Fr：體積流率（Volume flow rate）（in ft^3/min 或 m^3/s）

Ps：靜壓（Static pressure）（in H$_2$O or cm H$_2$O）

Kf：常數（隨風機種類及使用單位而異）[請參閱表 5.2]

針對額外單頻音（pure tone）之頻率預估如下：

$$\text{Bf} = \text{N(rpm)}/60 \text{ Hz} \tag{5.7}$$

Bf：葉片通過頻率（Blade passage frequency）（in Hz）

表 5.2　風機的音能預估常數 [19]

風機種類	英制單位	公制單位
軸流風車（管式、翼式葉片） 離心風車（徑向式葉片）	47	72
離心風車（機翼葉片、前引式或後引式葉片）	34	59
離心風車（管狀葉片）	42	67
螺旋槳式風扇	52	77

當 Bf 值在 500 ～ 4000Hz 之間時，式（5.6）必須再加多 3dB，即

$$Lw = 10\log(Fr) + 20\log(Ps) + Kf + 3 \quad \text{(in dB)} \quad \text{at } 500Hz \leq Bf \leq 4000Hz$$

(5.8)

根據 Hoover 等人對離心式引流風機（Induced draft fan）所產生的最大音能位準的預估公式如下：

$$LwT = 10\log(hp) + 10\log(Ps) + Kfd \text{ dB}$$

(5.9)

其中，hp：額定馬力（rated horsepower）（750 ～ 7500hp）

　　　Ps：靜壓（static pressure）（in 125 ～ 200cmH$_2$O）

　　　Kfd：常數 90 dB [英制單位]

　　　　　 86 dB [公制單位]

【範例 5-7】一 3.7-hp 的背向引流式離心風機（centrifugal fan with backward-curved blade）具有 50 葉片，其體積流率為 6000（ft^3/min），靜壓及轉速分別為 1.5 in H$_2$O 及 1200rpm，請試預估其 Bf（葉片通過頻率）及總音能位準 LwT＝？

[解]

　　Bf = N(rpm)/60Hz = 50×1200/60 = 1000Hz

　　LwT = 10log(Fr) + 20log(Ps) + Kf + 3

　　　　 = 10log(6000) + 10log(1.5) + 34 + 3

　　　　 = 78 dB

【範例 5-8】一引流式風機（Induced draft fan）具有 12 葉片，其額定馬力及轉速分別為 1250hp 及 1200rpm，此外，其靜壓為 60in H$_2$O，請試預估其 Bf（葉片通過頻率）及此頻率下的音能位準 LwT ＝？

[解]

Bf = N(rpm)/60 Hz = 12×1200/60 = 240 Hz

LwT = 10log(hp) + 10log(Ps) + Kfd

LwT = 10log(1250) + 10log(60) + 90

　　= 139 dB

5.3.1.2 電動機（Electronic motor）[19]

影響電動機噪音的參數包括轉速、馬力等，其音能預估可參考下列公式：

LwT = 20log(hp) + 15log(rpm) + Km dB　　　　　　　　　　(5.10)

其中，hp：額定馬力（rated horsepower）（1 ～ 300hp）

　　　rpm：額定轉速（轉 / 分）

　　　Km：常數 13 dB

【範例 5-9】一電動機有 100hp，其額定轉速爲 1200rpm，請試預估其總音能位準 LwT。

[解]

　LwT = 20log(hp) + 15log(rpm) + Km dB

　　　= 20log(100) + 15log(1200) + 13 = 99 dB

5.3.1.3 泵浦（Pump）[19]

影響泵浦噪音的參數包括泵浦種類、馬力等，其音能預估可參考下列公式：

At rpm ≥ 1600rpm：

LwT = 10log(hp) + Kp dB　　　　　　　　　　　　　　　(5.11)

At rpm < 1600rpm：

$$LwT = 10\log(hp) + Kp\text{-}5 \text{ dB} \tag{5.12}$$

其中，hp：額定馬力（rated horsepower）

　　　 Kp：95 dB- 離心泵（centrifugal pump）

　　　　　 100 dB- 螺旋泵（screw pump）

　　　　　 105 dB- 往復式泵（reciprocating pump）

　　　 rpm：額定轉速（轉／分）

【範例 5-10】一 screw pump 有 100hp，其額定轉速為 2400rpm，請試預估其總音能位準 LwT＝？

[解]

　　rpm ≥ 1600：

　　LwT = 10log(hp) + Kp dB

　　　　= 10log(100) + 100 = 120 dB

5.3.1.4 空氣壓縮機（Air compressor）[19]

空氣壓縮機噪音的主要參數包括壓縮機種類、馬力等，其離心式及往復式壓縮機的音能位準，可概估如下：

$$Lw = 10\log(hp) + Kc \text{ dB} \tag{5.13}$$

其中，hp：額定馬力（rated horsepower）（1-100hp）

　　　 Kc：常數 86 dB

【範例 5-11】一往復式壓縮機有 55hp，請試預估其總音能位準 LwT。

[解]

　　LwT = 10log(hp) + Kc dB

　　　　= 10log(55) + 86 = 103 dB

5.3.1.5 冷卻水塔（Cooling tower）[20]

冷卻水塔分為螺旋葉式（Propeller Type）與離心式（Centrifugal Type）之冷卻水塔二種，冷卻水塔平均總音能位準（overall averaged Lw）的估算，分述如下：

A. 螺旋葉式（Propeller Type）冷卻水塔

功率（P，單位 kw）≦ 75kW

$$LwT = 100 + 8\log(P) \text{ dB} \tag{5.14}$$

功率（P，單位 kw）> 75kW

$$LwT = 96 + 10\log(P) \text{ dB} \tag{5.15}$$

B. 離心式（Centrifugal Type）冷卻水塔

功率（P，單位 kw）≦ 60kW

$$LwT = 85 + 11\log(P) \text{ dB} \tag{5.16}$$

功率（P，單位 kw）> 60kW

$$LwT = 93 + 7\log(P) \text{ dB} \tag{5.17}$$

其八音頻音能位準的頻譜修正如下：Lw = LwT + K

Frequency (Hz)	31.5	63	125	250	500	1000	2000	4000	8000
螺旋葉式冷卻水塔 Lw 頻譜修正 K	-8	-5	-5	-8	-11	-15	-18	-21	-29
離心式冷卻水塔 Lw 頻譜修正 K	-6	-6	-8	-10	-11	-13	-12	-18	-25

【範例 5-12】一離心式冷卻水塔的功率 P 為 40kw，請試預估其八音頻的音能位準 Lw。

[解]

LwT = 85 + 11log(P)

= 85 + 11log(40) = 102.6 dB

Frequency (Hz)	31.5	63	125	250	500	1000	2000	4000	8000
LwT	102.6	102.6	102.6	102.6	102.6	102.6	102.6	102.6	102.6
頻譜修正 K	-6	-6	-8	-10	-11	-13	-12	-18	-25
離心式冷卻水塔八音頻 Lw = LwT + K	96.6	96.6	94.6	92.6	91.6	89.6	90.6	84.6	77.6

5.3.1.6 鍋爐（Boiler）[20]

鍋爐分為一般用途之鍋爐與大動力廠用之鍋爐二種，平均總音能位準（overall averaged Lw）的估算，分述如下：

A. 一般用途之鍋爐（general-purpose boiler）

$$LwT = 95 + 4\log(kW) \text{ dB} \tag{5.18}$$

B. 大動力廠用之鍋爐（larger power plant boiler）

$$LwT = 84 + 15\log(MW) \text{ dB} \tag{5.19}$$

其八音頻音能位準的頻譜修正如下：Lw = LwT + K

Frequency (Hz)	31.5	63	125	250	500	1000	2000	4000	8000
一般用途之鍋爐 Lw 頻譜修正 K	-6	-6	-7	-9	-12	-15	-18	-21	-24
大動力廠用之鍋爐 Lw 頻譜修正 K	-4	-5	-10	-16	-17	-19	-21	-21	-21

【範例 5-13】一大動力廠用之鍋爐的輸出功率為 20MW，請試預估其八音頻的音能位準 Lw。

[解]

LwT = 84 + 15log(MW) dB

= 84 + 15log(20) = 103.5 dB

Frequency (Hz)	31.5	63	125	250	500	1000	2000	4000	8000
LwT	103.5	103.5	103.5	103.5	103.5	103.5	103.5	103.5	103.5
頻譜修正 K	-4	-5	-10	-16	-17	-19	-21	-21	-21
動力廠用之鍋爐八音頻 Lw = LwT + K	99.5	98.5	93.5	87.5	86.5	84.5	82.5	82.5	82.5

5.3.1.7 渦輪機（Turbine）

渦輪機分為燃氣渦輪機與蒸氣渦輪機二種，平均總音能位準（overall averaged Lw）的估算有本體音（casing noise）、進氣音（inlet noise）及排氣音（exhaust noise）三部份，分述如下：

A. 燃氣渦輪機（gas turbine）[20]

(1) 本體音（casing noise）

LwT = 120 + 5log(MW) dB　　　　　　　　　　　　　　　　(5.20)

(2) 進氣音（inlet noise）

LwT = 127 + 15log(MW) dB　　　　　　　　　　　　　　　　(5.21)

(3) 排氣音（exhaust noise）

LwT = 133 + 10log(MW) dB　　　　　　　　　　　　　　　　(5.22)

B. 蒸氣渦輪機（steam turbine）[20]

LwT = 93 + 4log(kW) dB　　　　　　　　　　　　　　　　　(5.23)

其八音頻音能位準的頻譜修正如下：Lw = LwT + K

Frequency (Hz)		31.5	63	125	250	500	1000	2000	4000	8000
燃氣渦輪機 Lw 頻譜修正 K	本體音	-10	-7	-5	-4	-4	-4	-4	-4	-4
	進氣音	-19	-18	-17	-17	-14	-8	-3	-3	-6
	排氣音	-12	-8	-6	-6	-7	-9	-11	-15	-21
蒸氣渦輪機 Lw 頻譜修正 K		-11	-7	-6	-9	-10	-10	-12	-13	-17

【範例 5-14】一蒸氣渦輪機的輸出功率為 1200kW，請試預估其八音頻的音能位準 Lw。

[解]

$Lw = 93 + 4\log(kW)$ dB

$= 93 + 4\log(1200) = 105.3$ dB

Frequency (Hz)	31.5	63	125	250	500	1000	2000	4000	8000
LwT	105.3	105.3	105.3	105.3	105.3	105.3	105.3	105.3	105.3
頻譜修正 K	-11	-7	-6	-9	-10	-10	-12	-13	-17
蒸氣渦輪機八音頻 Lw = LwT + K	94.3	98.3	99.3	96.3	95.3	95.3	93.3	92.3	88.3

5.3.1.8 柴油及燃氣驅動引擎（Diesel and gas driven engine）[20]

柴油及燃氣驅動引擎的平均總音能位準（overall averaged LwT）估算，有本體音（casing noise）、進氣音（inlet noise）及排氣音（exhaust noise）三部份，分述如下：

(1) 本體音（casing noise）

$LwT = 93 + 10\log(kW) + KA + KB + KC + KD$ dB   (5.24)

相關參數值如下表：

操作情形	KA
rpm ≦ 600	-5
600 < rmp < 1500	-2
1500 ≦ rpm	0

燃料種類	KB
柴油	0
柴油 + 天然氣	0
天然氣	-3

汽缸排列	KC
直線型	0
V 型	-1
輻射型	-1

空氣進氣	KD
無風管引導至未消音鼓風機	3
風管引導	0
消音鼓風機	0
其他進氣	0

(2) 具有 Turbocharger 的進氣音（inlet noise）

$$LwT = 95 + 5\log(kW) - L_{IN}/1.8 \text{ dB} \tag{5.25}$$

其中，L_{IN} 為進氣管長度。

(3) 排氣音（exhaust noise）

$$LwT = 120 + 10logkW-kk-(L_{EX}/1.2) \text{ dB} \tag{5.26}$$

其中，L_{EX} 為排氣管長度。

	kk
無 Turbocharger	0
有 Turbocharger	6

其八音頻音能位準的頻譜修正如下：Lw = LwT + K

Frequency (Hz)		31.5	63	125	250	500	1000	2000	4000	8000
本體音 Lw 頻譜 修正 K	rpm ≦ 600	-12	-12	-6	-5	-7	-9	-12	-18	-28
	600<rmp<1500 （無魯式鼓風機）	-14	-9	-7	-8	-7	-7	-9	-13	-19
	600<rmp<1500 （有魯式鼓風機）	-22	-16	-18	-14	-3	-4	-10	-15	-26
	1500 ≦ rpm	-22	-14	-7	-7	-8	-6	-7	-13	-20
進氣音 Lw 頻譜修正 K		-4	-11	-13	-13	-12	-9	-8	-9	-17
排氣音 Lw 頻譜修正 K		-5	-9	-3	-7	-15	-19	-25	-35	-43

【範例 5-15】一柴油及燃氣驅動引擎內有 Turbocharger 及未消音魯式鼓風機（root blower），汽缸排列為 V 型，以柴油當燃料，轉速為 1200rmp，進氣管長 L_{IN} 與排氣管長 L_{Ex} 分別為 10cm 及 15cm，輸出功率為 1200kW，引擎進排氣處未加裝消音器，本體亦無防音措施，請試預估其本體音、進氣音及排氣音三部份的八音頻音能位準 Lw。

[解]

(1) 本體音

$$LwT = 93 + 10\log(kW) + KA + KB + KC + KD \text{ dB}$$

$$= 93 + 10\log(1200) + (-2) + (0) + (-1) + (3)$$

$$= 123.8 \text{ dB}$$

Frequency (Hz)	31.5	63	125	250	500	1000	2000	4000	8000
本體音 LwT	123.8	123.8	123.8	123.8	123.8	123.8	123.8	123.8	123.8
本體音頻譜修正 K	-22	-16	-18	-14	-3	-4	-10	-15	-26
本體音 Lw = LwT + K	101.8	107.8	105.8	109.8	120.8	119.8	113.8	108.8	97.8

(2) 具有 Turbocharger 的進氣音

$$LwT = 95 + 5\log(kW) - L_{IN}/1.8 \text{ dB}$$

$$= 110.3 \text{ dB}$$

Frequency (Hz)	31.5	63	125	250	500	1000	2000	4000	8000
進氣音 LwT	110.3	110.3	110.3	110.3	110.3	110.3	110.3	110.3	110.3
進氣音頻譜修正 K	-4	-11	-13	-13	-12	-9	-8	-9	-17
進氣音 Lw = LwT + K	106.3	99.3	97.3	97.3	98.3	101.3	102.3	101.3	93.3

(3) 排氣音

$$LwT = 120 + 10\log kW - kk - (L_{EX}/1.2) \text{ dB}$$

$$= 144.7 \text{ dB}$$

Frequency (Hz)	31.5	63	125	250	500	1000	2000	4000	8000
排氣音 LwT	144.7	144.7	144.7	144.7	144.7	144.7	144.7	144.7	144.7
排氣音頻譜修正 K	-5	-9	-3	-7	-15	-19	-25	-35	-43
排氣音 Lw = LwT + K	139.7	135.7	141.7	137.7	129.7	125.7	119.7	109.7	101.7

5.3.1.9 燃燒爐（Furnace）[20]

燃燒爐有氣流動音（primary and secondary air）及燃燒音（combustion noise）二部份，分述如下：

(1) 氣流動音（primary and secondary air）

$$LwT = 44\log U + 17\log(\dot{m}) - 135 \text{ dB} \tag{5.27}$$

$$fp = (U/d)[\text{最大音之頻率}]（Strouhal number = fp*d/U） \tag{5.28}$$

其中，U：通風調節器之空氣流速（m/s）

　　$\dot{m}$：空氣質量流率（kg/s）

　　d：最小氣流動出口直徑（m）

其八音頻音能位準的頻譜修正如下：Lw = LwT + K

Frequency (Hz)	fp/8	fp/4	fp/2	fp	2*fp	4*fp	8*fp	16*fp	32*fp
燃燒音 LwT 頻譜修正 K	-18	-13	-8	-3	-8	-13	-18	-23	-28

(2) 燃燒音（combustion noise）

Wa (acoustic power)

$$= 1300\eta\dot{m}H \text{ Watt} \tag{5.29}$$

LwT = 10log(Wa/Wref)　　　　　　　　　　　　　　　　　　(5.30)

其中，η：音響效率（acoustical efficiency）

　　　$\dot{m}$：空氣質量流率（kg/s）

　　　H：燃料熱值（heating value of the fuel）[MKS calories/kg]

　　　U：通風調節器之空氣流速（m/s）

其八音頻音能位準的頻譜修正如下：Lw = LwT + K

Frequency (Hz)	31.5	63	125	250	500	1000	2000	4000	8000
燃燒音 LwT 頻譜修正 K	-27	-21	-15	-9	-3	-9	-15	-21	-27

【範例 5-16】一燃燒爐的通風調節器之空氣流速為 100（m/s），質量流率為 5（kg/s），最小氣流動出口直徑為 0.1（m），燃料熱值為 90cal/kg，音響效率為 0.000005，請試預估其燃燒音的八音頻音能位準 Lw。

[解]

Wa (acoustic power)

= 1300η$\dot{m}$H Watt

= 1300*0.000005*20*90

= 2.925(watt)

LwT = 10log(Wa/Wref)

　　　= 10log(11.7*1000000000000)

　　　= 130.7 dB

Frequency (Hz)	31.5	63	125	250	500	1000	2000	4000	8000
燃燒音 LwT	124.7	124.7	124.7	124.7	124.7	124.7	124.7	124.7	124.7

燃燒音頻譜修正 K	-27	-21	-15	-9	-3	-9	-15	-21	-27
燃燒音 Lw = LwT + K	97.7	103.7	109.7	115.7	121.7	115.7	109.7	103.7	97.7

5.3.1.10 發電機（Generator）[20]

影響發電機噪音的參數包括輸出功率及轉速，其音能預估可參考下列公式：

$$LwT = 10\log(MW) + 6.6\log(RPM) + 84 \text{ dB} \tag{5.29}$$

其頻譜修正如下：Lw = LwT + K

Frequency (Hz)	31.5	63	125	250	500	1000	2000	4000	8000
發電機 Lw 頻譜修正 K	-11	-8	-7	-7	-7	-9	-11	-14	-19

【範例 5-17】一發電機有 3MW 的輸出功率，轉速為 1500rpm，請試預估其八音頻的音能位準 Lw。

[解]

$$LwT = 10\log(MW) + 6.6\log(RPM) + 84 \text{ dB}$$

$$= 10\log(3) + 6.6\log(1500) + 84 = 109.7 \text{ dB}$$

Frequency (Hz)	31.5	63	125	250	500	1000	2000	4000	8000
發電機 LwT	109.7	109.7	109.7	109.7	109.7	109.7	109.7	109.7	109.7
發電機頻譜修正 K	-11	-8	-7	-7	-7	-9	-11	-14	-19
發電機 Lw = LwT + K	98.7	101.7	102.7	102.7	102.7	100.7	98.7	95.7	90.7

5.3.1.11 齒輪箱（Gear box）[20]

影響齒輪箱噪音的參數包括輸出功率及轉速，距離齒輪箱 1 公尺處的總音壓位準預估可參考下列公式：

適用於正齒輪（spur gear）

$$LpT(r = 1m) = 78 + 3log(RPM) + 4log(kW) \tag{5.30}$$

其八音頻音壓位準的頻譜修正如下：Lp = LpT + K

Frequency (Hz)	31.5	63	125	250	500	1000	2000	4000	8000
齒輪箱 Lp 頻譜修正 K	-6	-3	0	0	0	0	0	0	0

【範例 5-18】一含有正齒輪的齒輪箱之輸出功率及轉速分別為 420kW 與 360rpm 往復式壓縮機有 55hp，請試預估其一公尺處的八音頻音壓位準 Lp。

[解]

$$LpT(r = 1m) = 78 + 3log(RPM) + 4log(kW)$$

$$= 78 + 3log(360) + 4log(420) = 96.2dB$$

Frequency (Hz)	31.5	63	125	250	500	1000	2000	4000	8000
齒輪箱 LpT (r = 1m)	96.2	96.2	96.2	96.2	96.2	96.2	96.2	96.2	96.2
齒輪箱頻譜修正 K	-6	-3	0	0	0	0	0	0	0
齒輪箱 Lp = LpT + K	90.2	93.2	96.2	96.2	96.2	96.2	96.2	96.2	96.2

練習 5

1. 一部空氣壓縮機接近地面，在 2m 處測得的音壓位準（Lp）值為 86dB(A)，假設此壓縮機為點音源型式的擴散，試求 (1) 音能位準（LwT）；(2) 距離設備 8m 處的音壓位準（Lp）值。

2. 工廠內有一條高架的長直設備管線，已知每公尺長的管線之音能位準在 500Hz 處為 95dB，試推算距離管線外 5 公尺處的音壓位準（500Hz）Lp 為若干？

3. 一電動機（Induced draft fan）有 100hp，其額定轉速為 2400rpm，請試預估其總音能位準 LwT = ？

4. 一往復式壓縮機有 85hp，請試預估其總音能位準 LwT = ？

5. 一般用途之鍋爐的輸出功率為 50MW，請試預估其八音頻的音能位準 Lw。

6. 一螺旋葉式冷卻水塔的功率 P 為 100kW，請試預估其八音頻的音能位準 Lw。

7. 一蒸氣渦輪機的輸出功率為 3000kW，請試預估其八音頻的音能位準 Lw？

8. 一燃氣驅動引擎內有 Turbocharger 及未消音魯式鼓風機（root blower），汽缸排列為直線型，以天然氣當燃料，轉速為 1800rmp，進氣管長 L_{IN} 與排氣管長 L_{EX} 分別為 30cm 及 50cm，輸出功率為 2500kW，引擎進排氣處未加裝消音器，本體亦無防音措施，請試預估其本體音、進氣音及排氣音三部份的八音頻音能位準 Lw。

9. 一發電機有 10MW 的輸出功率，轉速為 900rpm，請試預估其八音頻的音能位準 Lw。

10. 一含有正齒輪的齒輪箱之輸出功率及轉速分別為 220kW 與 800rpm 往復式壓縮機有 55hp，請試預估其一公尺處的八音頻音壓位準（Lp）。

第六章　室內聲學

6.1 聲音的反射

　　位於室內的音源發出的音波，遇到障礙物或四周的牆面時，一部分的音能將被吸收，一部分將被反射，而另一部分將穿透牆面或障礙物而繼續向外傳播（如圖 6.1）。

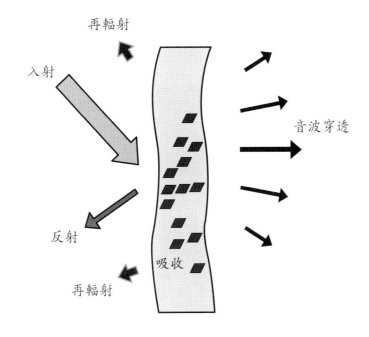

圖 6.1　音波傳遞

　　在此，穿透至牆面或障礙物外的音能大小，將端視牆面或障礙物的阻音能力強弱而定，而反射音能大小，則與牆面或障礙物的吸音能力相關。

6.2 室內音場（Room sound field）[19]

室內的瞬間音能 E 由空氣粒子的潛能 Ep 及動能所組成，為

$$E = Ep + Ek$$

其中，$Ep = \dfrac{V}{2}\left[\dfrac{\rho_o^2\, c^2\, v^2 + 2\rho_0\, c\, v\, p_o}{\rho_o c^2}\right]$　　　　(6.1)

$$Ek = \dfrac{V}{2}\rho_o v^2 \tag{6.2}$$

p_o、ρ_o、V 及 v 分別為靜態大氣壓力、靜態氣體密度、室內體積及瞬間氣體粒子速度，室內的瞬間平均能量密度 δ' 為

$$\delta' = \dfrac{E}{V} = \rho_o v^2 + \dfrac{\rho_o}{c}\, v \,(\text{Joule/m}^3) \tag{6.3}$$

室內音能增加的速率等於音源發出之功率 W 減去壁面的吸音功率 Ws，為

$$V\dfrac{d\delta'}{dt} = W - Ws \tag{6.4}$$

其中，$Ws = \displaystyle\int_s dWs = \dfrac{\delta'\,\overline{a}\,c}{4}\int_s ds = \dfrac{\overline{a}\,cs\delta'}{4}$　　　　(6.5)

最後，公式（6.4）為

$$\dfrac{d\delta'}{dt} + \dfrac{\overline{a}\,cs}{4V}\delta' = \dfrac{W}{V} \tag{6.6}$$

解一維常微分方程

$$\Rightarrow \delta' = \dfrac{4W}{\overline{a}\,cs}\left[1 - e^{-\left(\frac{\overline{a}cs}{4V}\right)t}\right](\text{Joule/m}^3) \tag{6.7}$$

當時間夠長，音場經過充分反射平衡後，穩態音場的 δ' 為

$$\delta' = \dfrac{4W}{\overline{a}\,cs} \tag{6.8}$$

上述穩態音場任一點的 δ' 包括直傳部的音能密度 δ'_d 及反射部的音能密度 δ'_r 二種，即

$$\delta' = \delta'_d + \delta'_r \tag{6.9}$$

針對一等向性音源而言，其直傳部的音能密度 δ'_d 為

$$\delta'_d = \frac{I}{c} = \frac{\left(\dfrac{W}{4\pi r^2}\right)}{c} = \frac{W}{4\pi r^2 c} \tag{6.10}$$

其反射部的音能密度 δ'_r 為

$$\delta'_r = \frac{\delta' \cdot V - \displaystyle\int_v \delta'_d dV}{V} = \frac{4W}{cR} \tag{6.11}$$

瞬間平均能量密度 δ' 亦可表示為

$$\delta' = \frac{p^2}{\rho_o c^2} \tag{6.12}$$

對具有方向性的音源而言，直傳部的音能密度 δ'_d 可寫為

$$\delta'_d = Q\frac{W}{4\pi r^2 c} \tag{6.13}$$

Q 為方向性因子，公式（6.9）～（6.13）推得

$$\frac{p^2}{\rho_o c^2} = \frac{QW}{4\pi r^2 c} + \frac{4W}{cR} \tag{6.14a}$$

或 $p^2 = W\rho_o c \left[\dfrac{Q}{4\pi r^2} + \dfrac{4}{R} \right]$ $\tag{6.14b}$

上述音源發出的音波，遇到四周的牆面時，進行無窮反覆的反射，最後達到一均勻的室內音場，如圖 6.2 所示，其虛線代表音反射，實線代表音直射，就單一音源對室內的特定受音點而言，存在著二種音，其一為直傳音（實線至受音點），另一為迴響音（無限虛線至受音點）。

如圖 6.3 所示，就迴音而言，經過充分的反射後，室內音場的能量成穩定態後，室內任一點的迴音均相等，而直傳音則會以與音源距離平方的對數方式衰減（點音源而言，距離增加 1 倍則音量衰減 6dB），二種音合成後，靠近音源處的音場受直傳音的影響較大，而遠離音源的音場處，其受迴音的影響較大，例如在空廣的禮堂內，給一個短促音，則會有無數個

音在空中迴響，當輸入一個連續音且經過一段時間後，在較遠處的各點音
量會幾乎不變，而在靠近音源處的區域，其音量將隨著遠離音源而衰減。

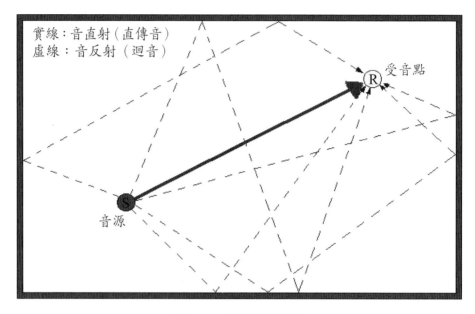

圖 6.2　室內迴音效應

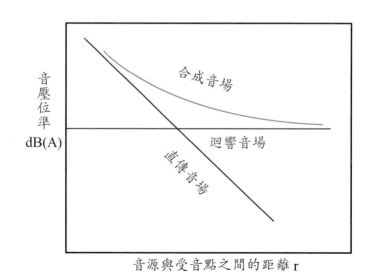

圖 6.3　室內音場中的迴音與直傳音的關係

6.2.1 **直傳音場**（Direct sound field）

由音源直接傳播至受音點處的音量所形成的音場，稱之為直傳音場，公式（6.14）得，直傳部的均方音壓 p_d^2 為

$$p_d^2 = \frac{WQ\rho_o c}{4\pi r^2} \tag{6.15}$$

$$\text{Lp}（直傳音）= 10 \log \left(\frac{p_d^2}{p_{re}^2} \right)$$

$$= Lw + 10\log\left(\frac{Q}{4\pi r^2} \right) \tag{6.16}$$

式中，Lp（直傳音）：直傳音壓位準（Direct sound pressure level）

　　　Lw：音能位準（Sound power level）

　　　p_{re}：參考音壓（$= 2*10^{-5}$）

　　　r：受音點與音源之距離，公尺

　　　Q：方向性因子（Directivity factor）

此方向性因子（Q）依音源與牆面的相對位置而定，其關係如圖 6.4a, b, c, d 所示。

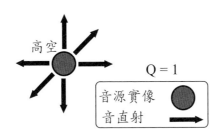

圖 6.4a　方向性因子（空間一點）

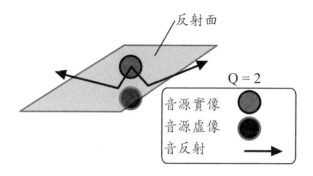

圖 6.4b　方向性因子（靠近壁面）

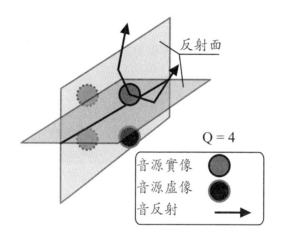

圖 6.4c　方向性因子（靠近褶邊壁面）

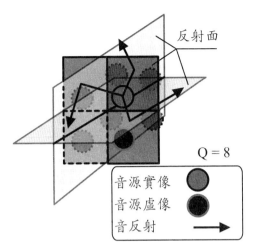

反射面

Q = 8

音源實像
音源虛像
音反射　→

圖 6.4d　方向性因子（靠近角落）

【範例 6-1】一空氣壓縮機房的角落有空氣壓縮機一部，此設備的音能
位準如下：試計算距離設備 3m 處的各頻率之直傳音壓位準為若干？

頻率 -Hz	63	125	250	500	1000	2000	4000	8000
Lw-dB	110	105	115	112	101	96	92	88

[解]

頻率 -Hz	63	125	250	500	1000	2000	4000	8000
Lw-dB	110	105	115	112	101	96	92	88
角落 -Q	8	8	8	8	8	8	8	8
r	3	3	3	3	3	3	3	3
Lp（直傳音）$= Lw + 10 \log (Q/4\pi r^2)$ dB	98.5	93.5	103.5	100.5	89.5	84.5	80.5	76.5

6.2.2 迴響音場（Reverberant sound field）

音源傳至牆面做無數次的音反射，最後達到一個均勻的音場，稱之為迴響音場，由於反射音的強弱取決於牆面的吸音能力，故牆面的吸音性亦為迴響音的控制參數之一，公式（6.14）得，反射部的均方音壓 p_r^2 為

$$p_r^2 = \frac{4W\rho_o c}{R} \tag{6.17}$$

$$\text{Lp（反射音）} = 10\log\left(\frac{p_d^2}{p_{re}^2}\right) = \text{Lw} + 10\log(4/R) \tag{6.18}$$

$$R = S_T\,\overline{\alpha}\,/(1-\overline{\alpha}); \; S_T = \sum_{i=1}^{n} S_i; \; \overline{\alpha} = \sum_{i=1}^{n} \frac{S_i\alpha_i}{\sum_{i=1}^{n} S_i} \tag{6.19}$$

式中，Lp（反射音）：迴響音壓位準（Reverberant sound pressure level）

Lw：音能位準（Sound power level）

R：室形常數（Room Constant）

S_T：室內牆面的總面積，平方公尺

$\overline{\alpha}$：室內牆面的平均吸音率

相關各種建材的吸音率值，請參考表 6.1。

表 6.1　各種材料的八音頻吸音率 [21]

材料	頻率 [Hz]	吸音率					
		125	250	500	1000	2000	4000
灰泥系列							
18mm 灰泥板 + 76mm 空氣層		0.30	0.30	0.60	0.80	0.75	0.75
灰泥地板		0.15	0.20	0.10	0.10	0.10	0.10
水泥磚		0.20	0.30	0.60	0.60	0.05	0.05
磚頭		0.05	0.04	0.04	0.03	0.03	0.02
混凝土		0.02	0.02	0.02	0.04	0.05	0.05

頻率 [Hz] / 材料	吸音率					
	125	250	500	1000	2000	4000
玻璃棉板系列						
玻璃棉板	0.05	0.10	0.15	0.25	0.30	0.60
玻璃棉板 + 25mm 空氣層	0.35	0.35	0.20	0.20	0.25	0.30
玻璃片系列						
重負荷板	0.02	0.05	0.04	0.03	0.02	0.02
4mm 玻璃片	0.35	0.25	0.18	0.12	0.07	0.04
地毯與窗簾系列						
毛面地毯	0.03	0.05	0.06	0.20	0.55	0.65
軟絨和厚毛毯	0.07	0.25	0.50	0.50	0.60	0.65
窗簾 - 中型、打摺懸掛	0.05	0.15	0.35	0.55	0.65	0.65
窗簾 - 中型、直掛於實體面	0.05	0.10	0.15	0.20	0.25	0.30
岩棉、玻璃棉、木質纖維系列						
岩棉、玻璃棉於實體面	0.10	0.25	0.70	0.85	0.70	0.60
木質纖維於實體面	0.20	0.30	0.65	0.60	0.60	0.60
31mm 沖孔板 + 吸音材於實體面	0.10	0.30	0.65	0.75	0.65	0.45
岩棉、玻璃棉於 25-50mm 木條上	0.15	0.35	0.65	0.80	0.75	0.70
木質纖維於於 25-50mm 木條上	0.15	0.65	0.50	0.55	0.60	0.65
31mm 沖孔板 + 吸音材於 25-50mm 木條上	0.20	0.55	0.80	0.80	0.80	0.75
岩棉、玻璃棉於空中懸掛	0.50	0.60	0.65	0.75	0.80	0.75
木質纖維於空中懸掛	0.40	0.50	0.55	0.65	0.75	0.70
31mm 沖孔板 + 吸音材於空中懸掛	0.25	0.55	0.85	0.85	0.75	0.75
人與椅系列						
觀眾與交響樂團坐椅上	0.33	0.40	0.44	0.45	0.45	0.45

材料	頻率 [Hz] 吸音率					
	125	250	500	1000	2000	4000
空椅（有裝潢）	0.24	0.26	0.27	0.31	0.37	0.38
空椅（三夾板／藤）	0.02	0.02	0.02	0.04	0.04	0.03

【範例 6-2】一純混凝土砌成的空氣壓縮機房之長寬高分別為 12（m）×15（m）×6（m），試計算此空氣壓縮機房的八音頻（125～4000Hz）之室形常數（R）值。

[解]

頻率 -Hz	125	250	500	1000	2000	4000
α [S1,S2,S3,S4,S5,S6]	0.02	0.02	0.02	0.04	0.05	0.05
S1 = S2 = 12*6	72	72	72	72	72	72
S3 = S4 = 15*6	90	90	90	90	90	90
S5 = S6 = 12*15	180	180	180	180	180	180
S_T = S1 + S2 + S3 + S4 + S5 + S6	684	684	684	684	684	684
$\bar{\alpha} = \sum_{i=1}^{n} \dfrac{S_i \alpha_i}{\sum_{i=1}^{n} S_i}$	0.02	0.02	0.02	0.04	0.05	0.05
$R = S_T \bar{\alpha}/(1-\bar{\alpha})$ m²	13.96	13.96	13.96	28.5	36	36

【範例 6-3】一純混凝土砌成的機房之長寬高分別為 12(m)×15(m)×6(m)，機房中央有一部空氣壓縮設備，其音能位準如下：

頻率 -Hz	125	250	500	1000	2000	4000
Lw-dB	105	115	112	101	96	92

試計算機房內的各頻率之迴響音壓位準為若干？

[解]

頻率 -Hz	125	250	500	1000	2000	4000
Lw-dB	105	115	112	101	96	92
α [S1,S2,S3,S4,S5,S6]	0.02	0.02	0.02	0.04	0.05	0.05
S1 = S2 = 12*6	72	72	72	72	72	72
S3 = S4 = 15*6	90	90	90	90	90	90
S5 = S6 = 12*15	180	180	180	180	180	180
S_T = S1 + S2 + S3 + S4 + S5 + S6	684	684	684	684	684	684
$\bar{\alpha} = \sum\limits_{i=1}^{n} \dfrac{S_i \alpha_i}{\sum\limits_{i=1}^{n} S_i}$	0.02	0.02	0.02	0.04	0.05	0.05
$R = S_T \bar{\alpha}/(1 - \bar{\alpha})$ m^2	13.96	13.96	13.96	28.5	36	36
Lp（反射音）= Lw + 10log(4/R) dB	99.57	109.57	106.57	92.46	86.46	82.46

6.2.3 合成音場（Composite sound field）

同時考慮直傳音與反射音的效應，室內任一點的合成音壓位準為

$$Lp_T = 10\log\{10^{Lp[直傳音]/10} + 10^{Lp[反射音]/10}\} \tag{6.20}$$

其中，Lp（直傳音）= Lw + 10log(Q/4πr²)

Lp（反射音）= Lw + 10log(4/R)

$$\Rightarrow Lp_T = Lw + 10\log\left\{\frac{Q}{4\pi r^2} + \frac{4}{R}\right\} \tag{6.21}$$

其中，室形常數 R 代表該室內音場在八音頻的吸音能力與特性，主要影響參數為壁面材質的吸音特性 α 與面積 S。

對於低吸音能力的室內音場而言，R 值近於 0，上式合成音壓位準將簡化如 6.2.2 節，即由迴響音場所主宰。

當室內牆面具有高吸音能力時，R 值趨近於無限大，上式合成音壓位

準則將簡化如 6.2.1 節，即由直傳音場所主宰。

【範例 6-4】一純混凝土砌成的機房之長寬高分別為 12(m)×15(m)× 6(m)，機房中央有一部空氣壓縮設備，其音能位準如下：

頻率 -Hz	125	250	500	1000	2000	4000
Lw-dB	100	106	108	95	90	85

試計算機房內，距離設備 5m 處的綜合音壓位準為若干？

[解]

頻率 -Hz	125	250	500	1000	2000	4000
Lw-dB	100	106	108	95	90	85
α [S1,S2,S3,S4,S5,S6]	0.02	0.02	0.02	0.04	0.05	0.05
S1 = S2 = 12*6	72	72	72	72	72	72
S3 = S4 = 15*6	90	90	90	90	90	90
S5 = S6 = 12*15	180	180	180	180	180	180
$S_T = S1 + S2 + S3 + S4 + S5 + S6$	684	684	684	684	684	684
$\bar{\alpha} = \sum_{i=1}^{n} \dfrac{S_i \alpha_i}{\sum_{i=1}^{n} S_i}$	0.02	0.02	0.02	0.04	0.05	0.05
$R = S_T \bar{\alpha}/(1-\bar{\alpha})$ m^2	13.96	13.96	13.96	28.5	36	36
Lp（反射音）= Lw + 10log (4/R) dB	94.57	100.57	102.57	86.46	80.46	74.46
Q	1	1	1	1	1	1
r	5	5	5	5	5	5
Lp（直傳音）= SWL + 10log (Q/4πr^2)	75	81	83	70	65	60
公式（6.20）：$LpT = 10\log\{10^{Lp[直傳音]/10} + 10^{Lp[反射音]/10}\}$	94.6	100.6	102.6	86.5	80.5	74.5
公式（6.21）：$LpT = Lw + 10\log\{Q//4\pi r^2 + 4/R\}$	94.6	100.6	102.6	86.5	80.5	74.5

6.3 殘響時間 [19]

殘響時間 T（Reverberant Time）之定義為音源發出聲音後，音量衰減 60 分貝所需要的時間，其表示如圖 6.5，殘響時間將隨著迴響室的體積與吸音力而定。

重寫公式（6.6）如下，此為音源啟動後，在室內空間一點的瞬間音能密度值，

$$\frac{d\delta'}{dt} + \frac{\overline{\alpha}cs}{4V}\delta' = \frac{W}{V}$$

當音源達穩定後再關閉，聲音的能量密度統御方程式變為

$$\frac{d\delta'}{dt} + \frac{\overline{\alpha}cs}{4V}\delta' = 0 \tag{6.22}$$

初始條件：$\delta'(t=0) = \dfrac{4W}{\overline{\alpha}cs}$

得 $\delta'(t) = \dfrac{4W}{\overline{\alpha}cs} e^{-\left(\frac{\overline{\alpha}cs}{4V}\right)t}$ (Joule/m^3) $\tag{6.23}$

音源達穩定時：Lw1 = 10log（W1/Wre） $\tag{6.24}$

關閉音源，使迴響室內的音量衰減 60 分貝時：

Lw1* = 10log(W1*/Wre) $\tag{6.25}$

Lw1-Lw1* = 60

$\Rightarrow$ 60 = 10log(W1/W1*)

$\Rightarrow$ W1* = (10^{-6})W1 $\tag{6.26}$

代入公式（6.23），得

$$\frac{4W1}{\overline{\alpha}cs} e^{-\left(\frac{\overline{\alpha}cs}{4V}\right)T} = \frac{4W1}{\overline{\alpha}cs} * 10^{-6} \tag{6.27}$$

最後化簡為

T = 0.161(V/A) $\tag{6.28}$

此即為賽賓（Sabine）公式 [2]，適用於全面擴散（Fully Diffused

Field）的中、強迴響室。

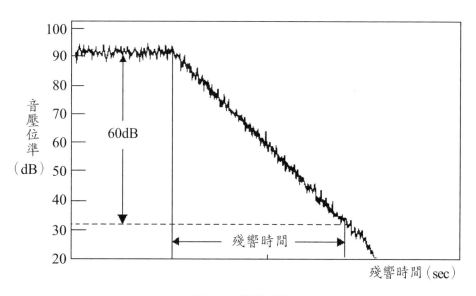

圖 6.5　殘響時間

其中，T：殘響時間（sec）

　　　V：迴響室的體積（m^3）

　　　A：迴響室的吸音力，$A = S_T \bar{\alpha}$

　　　S_T：迴響室內的總表面積

　　　$\bar{\alpha}$：室內表面的平均吸音率

　　針對弱迴響室（殘響時間小於 0.5sec）而言，其修正之關係式如爾琳（Eyring）公式 [2]：

$$T = 0.161V/[-Slog(1 - \bar{\alpha}) + MV] \tag{6.29}$$

其中，M：空氣吸音常數（m^{-1}）[參考圖 6.6]

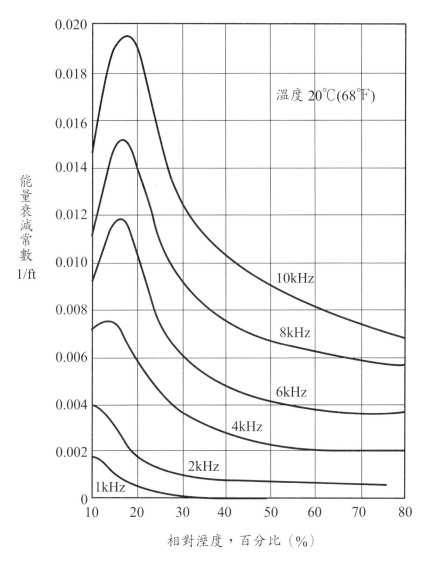

圖 6.6　空氣吸音常數 [22]

在同一種吸音材（迴響室內的牆面）的條件下，迴響室的空間愈大，其對應的殘響時間將愈長；同樣地，當迴響室的體積相同時，內部的吸音

材之面積或吸音係數愈小時（即迴響室的吸音力 A 愈弱），其對應的殘響時間亦將愈長。反之，當迴響室的體積變小或內部的吸音材之面積及吸音係數愈大時（即迴響室的吸音力愈強），其對應的殘響時間將變短。

【範例 6-5】一純混凝土砌成的空氣壓縮機房之長寬高分別為 12(m)×15(m)×6(m)，試計算此空氣壓縮機房在頻率 125Hz, 250Hz, 500Hz, 1kHz, 2kHz, 4kHz 下的殘響時間（T）[不考慮空氣吸音]。

[解]

$T_1 = 0.161(V/A)$ for T 大於 0.5sec（強迴響）

$T_2 = 0.161V/[- S_T log(1 - \bar{\alpha})]$ for T 小於 0.5sec（弱迴響）

$A = S_T \bar{\alpha}$

$V = 12*15*6 = 1080(m^3)$

$S_T = 2*(12*15 + 12*6 + 15*6) = 684(m^2)$

頻率 -Hz	125	250	500	1000	2000	4000
S_T	684	684	684	684	684	684
α [S1, S2, S3, S4, S5, S6]	0.02	0.02	0.02	0.04	0.05	0.05
$\bar{\alpha} = \sum\limits_{i=1}^{n} \dfrac{S_i \alpha_i}{\sum\limits_{i=1}^{n} S_i}$	0.02	0.02	0.02	0.04	0.05	0.05
$A = S_T \bar{\alpha}$	13.68	13.68	13.68	27.36	34.2	34.2
V	1080	1080	1080	1080	1080	1080
$T_1 = 0.161(V/A)$ for T 大於 0.5sec	12.71	12.71	12.71	6.36	5.08	5.08
$T_2 = 0.161V/[-S_T log(1-\bar{\alpha})]$ for T 小於 0.5sec	28.97 (不合)	28.97 (不合)	28.97 (不合)	14.34 (不合)	11.41 (不合)	11.41 (不合)

6.3.1 強迴響室

在強迴響效應（T 大於 0.5sec）的條件下，

$R = S_T \bar{\alpha} /(1 - \bar{\alpha}) \approx S_T \bar{\alpha} = A$

由式（6.28）　$T = 0.161(V/A)$

$\Rightarrow T = 0.161(V/R)$

$\Rightarrow R = 0.161(V/T)$　　　　　　　　　　　　　　　　　　　　　　　　(6.30)

將式（6.30）代入式（6.18），得

Lp（反射音）= Lw + 10log(4/R)

　　　　　　　= Lw + 10log(4T/0.161V)

　　　　　　　= Lw + 10logT-10logV + 14　　　　　　　　　　　　　(6.31)

【範例 6-6】一純混凝土砌成的機房之長寬高分別為 12(m)×15(m)×
6(m)，機房中央有一部泵浦（pump）設備，其音能位準如下：

頻率 -Hz	125	250	500	1000	2000	4000
Lw-dB	90	102	104	91	83	78

試計算此機房在頻率 125Hz, 250Hz, 500Hz, 1kHz, 2kHz, 4kHz 下的迴
響音壓位準 [不考慮空氣吸音]。

[解]

　　$T_1 = 0.161(V/A)$ for T 大於 0.5sec（強迴響）

　　$T_2 = 0.161V/[-S_T log(1 - \bar{\alpha})]$ for T 小於 0.5sec（弱迴響）

　　$A = S_T \bar{\alpha}$

　　$V = 12*15*6 = 1080(m^3)$

　　$S_T = 2*(12*15 + 12*6 + 15*6) = 684(m^2)$

頻率 -Hz	125	250	500	1000	2000	4000
Lw（dB）	90	102	104	91	83	78
S_T	684	684	684	684	684	684
α	0.02	0.02	0.02	0.04	0.05	0.05
$\bar{\alpha} = \sum_{i=1}^{n} \dfrac{S_i \alpha_i}{\sum_{i=1}^{n} S_i}$	0.02	0.02	0.02	0.04	0.05	0.05
$A = S\bar{\alpha}$	13.68	13.68	13.68	27.36	34.2	34.2
V	1080	1080	1080	1080	1080	1080
$T_1 = 0.161(V/A)$ for T 大於 0.5 sec	12.71	12.71	12.71	6.36	5.08	5.08
$T_2 = 0.161V/[-S_T \log(1-\bar{\alpha})]$ for T 小於 0.5sec	28.97 （不合）	28.97 （不合）	28.97 （不合）	14.34 （不合）	11.41 （不合）	11.41 （不合）
10logT	11.04	11.04	11.04	8.03	7.05	7.05
-10logV	-30.33	-30.33	-30.33	-30.33	-30.33	-30.33
Lp（反射音）= Lw + 10logT- 10logV + 14	81.7	93.7	95.7	82.7	73.72	68.72

【範例 6-7】一不知名材質做成的機房之長寬高分別為 12(m)×15(m)× 6(m)，機房中央有一部空氣壓縮機，其音能位準如下：

頻率 -Hz	125	250	500	1000	2000	4000
Lw-dB	100	110	116	109	100	96

儀器測得機房內壁的殘響時間如下：

頻率 -Hz	125	250	500	1000	2000	4000
殘響時間 T -second	5.1	4.6	3.8	3.2	2.8	2.2

試計算此機房在頻率 125Hz, 250Hz, 500Hz, 1kHz, 2kHz, 4kHz 下的迴響音壓位準 [不考慮空氣吸音]。

[**解**]

for T 大於 0.5 sec（強迴響）

$V = 12*15*6 = 1080 \, (m^3)$

$S_T = 2*(12*15 + 12*6 + 15*6) = 684 \, (m^2)$

頻率 -Hz	125	250	500	1000	2000	4000
Lw	100	110	116	109	100	96
S_T	684	684	684	684	684	684
V	1080	1080	1080	1080	1080	1080
T	5.1	4.6	3.8	3.2	2.8	2.2
10logT	7.0	6.6	5.7	5.0	4.4	3.4
-10logV	-30.3	-30.3	-30.3	-30.3	-30.3	-30.3
Lp（反射音） = Lw + 10logT − 10logV + 14	90.7	100.2	105.4	97.7	88.1	83.0

6.3.2 弱迴響室

在弱迴響效應（T 小於 0.5sec）的條件下，

$R = S_T \bar{\alpha} / (1 - \bar{\alpha})$ (6.32)

由 $S_T \bar{\alpha} = A$

$\Rightarrow \bar{\alpha} = A/S$ (6.33)

將式（6.33）代入式（6.32），得

$$R = \frac{\dfrac{A}{S} \cdot S}{1 - \dfrac{A}{S}} = \frac{A \cdot S}{S - A} \qquad (6.34)$$

由式（6.28）　$T = 0.161(V/A)$

$$\Rightarrow A = 0.161(V/T) \tag{6.35}$$

將式（6.35）代入式（6.34），得

$$R = \frac{0.161\left(\dfrac{V}{T}\right) \cdot S}{S - 0.161\left(\dfrac{V}{T}\right)} = \frac{S}{\dfrac{TS}{0.161 \cdot V} - 1} \tag{6.36}$$

最後，Lp（反射音）= Lw + 10log(4/R)

$$= Lw + 10\log\left(\frac{4\left(\dfrac{TS}{0.161 \cdot V} - 1\right)}{S}\right) \tag{6.37}$$

【範例 6-8】一不知名材質做成的機房之長寬高分別為 12(m)×15(m)×6(m)，機房中央有一部泵浦（pump）設備，其音能位準如下：

頻率 -Hz	125	250	500	1000	2000	4000
Lw-dB	95	106	100	96	90	85

儀器測得機房內壁的殘響時間如下：

頻率 -Hz	125	250	500	1000	2000	4000
殘響時間 T -second	0.45	0.38	0.3	0.28	0.27	0.26

試計算此機房在頻率 125Hz, 250Hz, 500Hz, 1kHz, 2kHz, 4kHz 下的迴響音壓位準 [不考慮空氣吸音]。

[解]

for T 小於 0.5sec（弱迴響）

V = 12*15*6 = 1080(m³)

S_T = 2*(12*15 + 12*6 + 15*6) = 684(m²)

頻率 -Hz	125	250	500	1000	2000	4000
Lw	95	106	100	96	90	85

S_T	684	684	684	684	684	684
V	1080	1080	1080	1080	1080	1080
T	0.45	0.38	0.3	0.28	0.27	0.26
$10\log\left(\dfrac{4\left(\dfrac{TS}{0.161 \cdot V}-1\right)}{S}\right)$	-23.4	-25.3	-29.7	-32.2	-34.3	-38.7
$Lp(r) = Lw + 10\log$ $\left(\dfrac{4\left(\dfrac{TS}{0.161 \cdot V}-1\right)}{S}\right)$	71.5	80.6	70.2	63.7	55.6	46.2

6.4 室內幾何設計

　　室內幾何設計及殘響時間對室內的音場影響甚大，尤其是聲音品質要求甚高的音樂廳（如圖 6.7）更是如此，音響設計的目的在使任一位置的聽眾均能聽得很清礎，不會產生有害的共鳴等，不恰當的幾何設計將造成音場的瑕疵，例如振拍迴音（flutter echo）是發生於二個平行硬面間的反覆反射現象（如圖 6.8），另一種設計的暇疵是室內的共鳴駐波（standing wave）音場（如圖 6.9），其原因是室內的任一尺寸（長、寬、高）恰爲此音源的半波長之倍數所致。

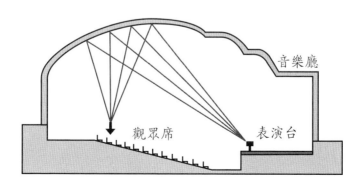

圖 6.7　音樂廳的設計

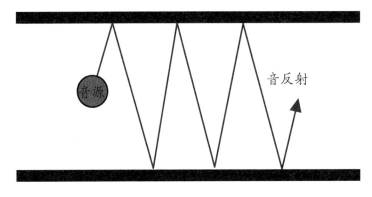

圖 6.8　振拍迴音

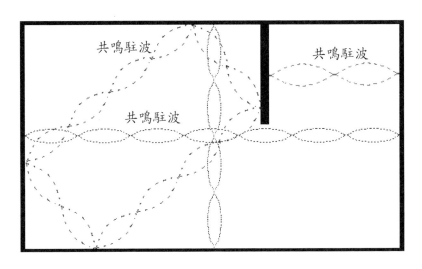

圖 6.9　共鳴駐波

　　殘響時間之適合值，則因房間之用途及大小而有所不同，房間的容積大者其殘響時間以較短為佳，在能容納 1000 人以上的大廳，作為演講等用途的房間，其殘響時間較短（0.8 秒～ 1.2 秒）較為合適；作為音樂用途的房間則以較長（1.4 秒～ 2.0 秒）較為合適。

練習 6

1. 一空氣壓縮機房的角落有空氣壓縮機一部，此設備的音能位準如下：

頻率 -Hz	63	125	250	500	1000	2000	4000	8000
Lw-dB	98	102	104	100	94	90	86	82

試計算距離設備 5m 處的各頻率之直傳音壓位準為若干？

2. 一純混凝土砌成的空氣壓縮機房之長寬高分別為 10(m)×8(m)×4(m)，試計算此空氣壓縮機房在頻率 125Hz, 250Hz, 500Hz, 1kHz, 2kHz, 4kHz 下的室形常數（R）值。

3. 一純混凝土砌成的機房之長寬高分別為 10(m)×8(m)×4(m)，機房中央有一部空氣壓縮設備，其音能位準如下：

頻率 -Hz	125	250	500	1000	2000	4000
Lw-dB	98	102	104	100	86	82

試計算機房內的各頻率之迴響音壓位準為若干？

4. 一純混凝土砌成的機房之長寬高分別為 10(m)×8(m)×4(m)，機房中央有一部空氣壓縮設備，其音能位準如下：

頻率 -Hz	125	250	500	1000	2000	4000
Lw-dB	102	104	100	86	90	85

試計算機房內，距離設備 5m 處的綜合音壓位準為若干？

5. 一純混凝土砌成的空氣壓縮機房之長寬高分別為 10(m)×8(m)×4(m)，試計算此空氣壓縮機房在頻率 125Hz, 250Hz, 500Hz, 1kHz, 2kHz, 4kHz 下的殘響時間（T）[不考慮空氣吸音]。

6. 一純混凝土砌成的機房之長寬高分別為 10(m)×8(m)×4(m)，機房中央有一部泵浦（pump）設備，其音能位準如下：

頻率 -Hz	125	250	500	1000	2000	4000
Lw-dB	104	100	86	90	80	74

試計算此機房在頻率 125Hz, 250Hz, 500Hz, 1kHz, 2kHz, 4kHz 下的迴響音壓位準 [不考慮空氣吸音]。

7. 一混凝土砌成的機房之長寬高分別為 10(m)×8(m)×4(m)，機房的四面牆及一面天花板安置吸音材，吸音材結構為玻璃棉板 +25mm 空氣層，機房中央有一部魯式鼓風機（root blower）設備，其音能位準如下：

頻率 -Hz	125	250	500	1000	2000	4000
Lw-dB	110	105	98	95	90	82

試計算此機房在頻率 125Hz, 250Hz, 500Hz, 1kHz, 2kHz, 4kHz 下的迴響音壓位準 [不考慮空氣吸音]。

8. 一不知名材質做成的機房之長寬高分別為 10(m)×20(m)×6(m)，機房中央有一部鼓風機，其音能位準如下：

頻率 -Hz	125	250	500	1000	2000	4000
Lw-dB	110	114	120	112	108	98

儀器測得機房內壁的殘響時間如下：

頻率 -Hz	125	250	500	1000	2000	4000
殘響時間 T -second	8.8	7.6	6.8	5.4	4.2	3.2

試計算此機房在頻率 125Hz, 250Hz, 500Hz, 1kHz, 2kHz, 4kHz 下的迴響音壓位準 [不考慮空氣吸音]。

第七章　材料吸音處理

7.1 材料吸音原理

　　吸音材及其結構將音能轉換為熱能的機制有二，一為黏滯流之能量損失（viscous-flow loss），另一為內部磨擦之能量損失（internal friction）。當音波通過一內佈有連續孔洞的吸音體時，以波動形式傳遞音能，此時，聲音粒子速度（particle velocity）結合音波，在空氣介質與吸音體間產生相對運動，此運動會造成吸音體邊界層的能量損失，即為黏滯流之能量損失；若此吸音體為彈性纖維或多孔材，則在音波通過時所產生之吸音體膨脹與收縮，將會使吸音體內部以磨擦生熱的方式削減音能。

　　圖 7.1 為一音波（音壓振幅 = A，聲音粒子速度 = A/ρc）入射至一厚 λ/10 的吸音體，此吸音體直接固定於堅硬背板之表面，當音波入射至吸音體內時，將通過吸音材再反射出吸音體外，此時，出吸音體的粒子速度為 0.2 倍 Umax（最大聲音粒子速度），而在硬板表面的聲音粒子速度 u 則幾乎為 0；當音波在吸音體表面直接反射時，其反射音壓與聲音粒子速度值與入射者幾乎相同。

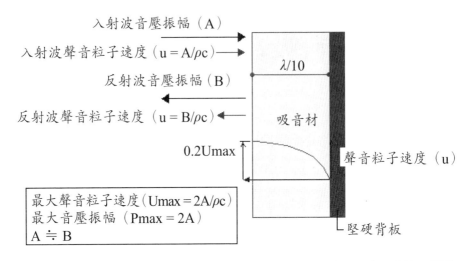

圖 7.1 音波（音壓振幅＝A，聲音粒子速度＝A/ρc）入射至固定厚度的吸音體

當吸音材與堅硬背板（或牆面）存在空氣層時，對於具有 λ 波長的噪音波而言，最佳且最經濟的方式是使空氣層的厚度為 λ/4，可得最好的減音效果，圖 7.2 為一 1000Hz 附近的噪音波之空氣層設計方式與減音效果。

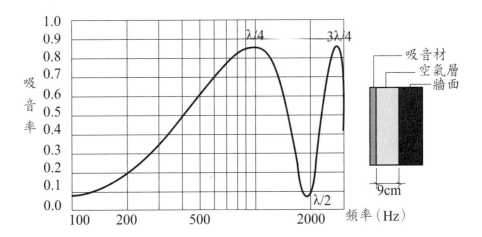

圖 7.2 1000Hz 附近的噪音波之空氣層設計方式與減音效果

上述吸音體的能量耗損機制，可用圖 7.3 的機械振動阻尼系統類比，其中，M 爲彈性介質及彈性吸音結構的質量，K 爲介質在多孔吸音體內的壓縮性能，C 代表吸音體的內摩擦及黏滯流之耗能特性，適當調整系統阻抗，可有效降低系統傳遞力之值。

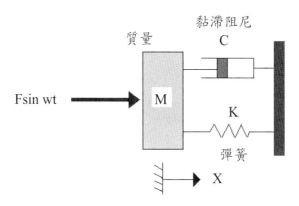

圖 7.3　類比音波耗能機制的機械振動阻尼系統

當吸音體的阻抗過大或過小時，音波進入吸音體的量將減少，而音波反射量將增多，此將不利於吸音處理，故適當調整吸音體的阻抗，將可降低音波反射。

爲了便於保護吸音材並調整吸音體的音響阻抗（Acoustic Impedance），常在吸音材表面外覆一沖孔面板如圖 7.4 所示。

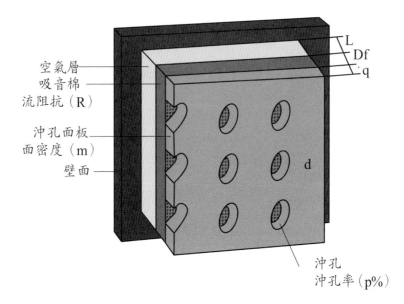

圖 7.4　外覆一沖孔面板的吸音材結構

7.2 多層吸音體的正向吸音率 [23]

7.2.1 聲音傳輸矩陣

如圖 7.5 所示，三維音波通過均質等向的靜止流場介質（流場介質 = b*h），音波動的統御方程式為

$$\left(\frac{\partial^2}{\partial t^2} - c_o^2 \nabla^2\right) p = 0 \tag{7.1}$$

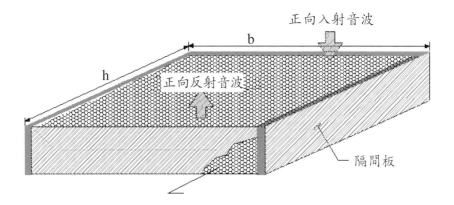

圖 7.5 音波通過均值等向的靜止流場介質（流場截面積 = b×h；h ≥ b）

運用分離變數法（the separation of variables method）解上述偏微方程，得音壓及聲音粒子速度爲

$$p(z, t) = (C_1 e^{-jk_o z} + C_2 e^{+jk_o z}) e^{jwt} \tag{7.2}$$

$$u(z, t) = \left(\frac{C_1}{\rho_o c_o} e^{-jk_o z} + \frac{C_2}{\rho_o c_o} e^{+jk_o z} \right) e^{jwt} \tag{7.3}$$

其中，

$$f < \frac{c_o}{2h} \tag{7.4}$$

考慮一維音波傳遞，並將堅硬邊界的聲音粒子速度條件帶入上式，得

$$\begin{pmatrix} p_2 \\ u_2 \end{pmatrix} = \begin{bmatrix} \cos(k_m L) & jZ_m \sin(k_m L) \\ j\frac{1}{Z_m} \sin(k_m L) & \cos(k_m L) \end{bmatrix} \begin{pmatrix} p_1 \\ u_1 \end{pmatrix} \tag{7.5}$$

上式爲聲音傳輸矩，其中， m 表示傳遞的介質，Z_m 爲介質的音響阻抗。

7.2.2. 單層沖孔板吸音體

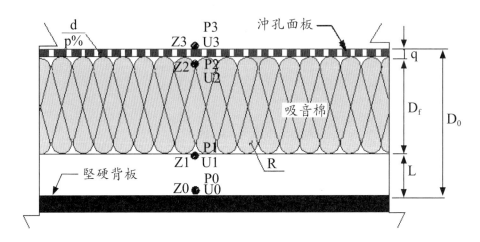

圖 7.6　單層沖孔板吸音體的斷面構造

單層沖孔板吸音體的斷面構造如圖 7.6，各點間的聲音傳輸矩陣如下：

$$\begin{pmatrix} p_1 \\ u_1 \end{pmatrix} = \begin{bmatrix} \cos(\omega t / c_0) & j\rho_o c_o \sin(\omega L / c_o) \\ j\dfrac{\sin(\omega L / c_o)}{\rho_o c_o} & \cos(\omega L / c_o) \end{bmatrix} \begin{pmatrix} p_o \\ u_o \end{pmatrix} \tag{7.6}$$

$$\begin{pmatrix} p_2 \\ u_2 \end{pmatrix} = \begin{bmatrix} \cos(k_{fiber} D_f) & jZ_{fiber} \sin(k_{fiber} D_f) \\ j\dfrac{1}{Z_{fiber}} \sin(k_{fiber} D_f) & \cos(k_{fiber} D_f) \end{bmatrix} \begin{pmatrix} p_1 \\ u_1 \end{pmatrix} \tag{7.7}$$

展開上式並化為阻抗 Z（Z = p/u）的形式，最後可獲得第三點的阻抗 Z_3

$$Z_3 = R_3 + jX_3 \tag{7.8}$$

其中，實部 R_3 為吸音體的表面阻性（resistance），虛部 X_3 為吸音體的表面抗性（reactance）。

對於吸音體的正向吸音率 α 為

$$\alpha \, (f, p\%, d, R, q, D_f, L) = 1 - \left| \frac{Z_3 - \rho_o \, c_o}{Z_3 + \rho_o \, c_o} \right|^2 \tag{7.9}$$

其中，f 為音波頻率，p% 為面板沖孔率，d 為面板沖孔孔徑，R 為吸音材的流阻抗值，D_f 為吸音材的厚度，L 為空氣層厚度，q 為面板厚度。

　　圖 7.7 為吸音體的理論正向吸音率 α 及實驗值之比較。

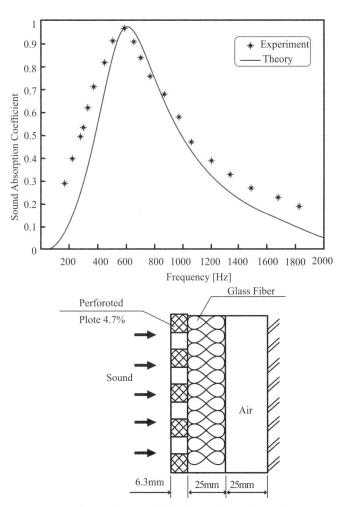

圖 7.7　單層吸音板的正向吸音率性能 [23]

7.2.3 多層沖孔板吸音體

同理，以聲音傳遞矩陣尋找多層沖孔板吸音體（圖 7.8）各層間的阻抗，最後可推得

阻抗 $Z_{3(k-1)+2}$ 之值，並求得吸音體的正向吸音率 α 為

$$\alpha(f; p_1\%, ..., p_k\%; d_1, ..., d_k; R_1, ..., R_k; q_1, ..., q_k; D_{f1}, ..., D_{fk}; L_1, ..., L_k)$$

$$= 1 - \left| \frac{Z_{3(k-1)+2} - \rho_o c_o}{Z_{3(k-1)+2} + \rho_o c_o} \right|^2 \tag{7.10}$$

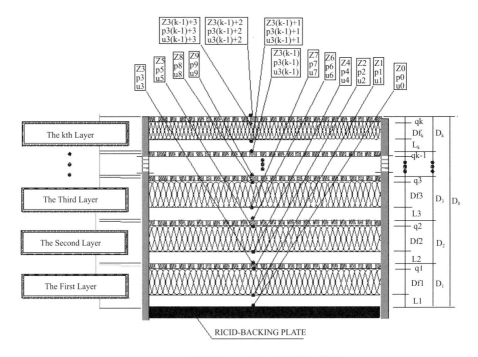

圖 7.8　k- 層沖孔板吸音體的斷面構造

7.3 內裸管吸音性能 [4]

7.3.1 直管

內裸管路內的吸音性能與管路內壁的粗糙度及管徑大小有關，粗糙度高的管路其減音效果愈佳，管徑愈小者其減音效果愈好，管路外型主要有圓形管（圖7.9）及方形管（圖7.10）二類，一般內裸管路的減音效果如下：

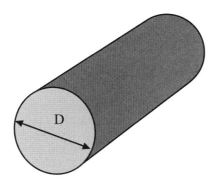

D

圖 7.9　內裸圓形管

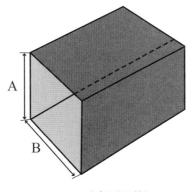

A

B

圖 7.10　內裸方形管

表 7.1　圓形管的聲音穿透損失值 TLcb（dB／公尺）

	D(mm)	63Hz	125Hz	250Hz	500Hz	1000Hz	2000Hz	4000Hz
TLcb	75-200	0.07	0.10	0.10	0.16	0.33	0.33	0.33
	200-400	0.07	0.10	0.10	0.16	0.23	0.23	0.23
	400-800	0.07	0.07	0.07	0.10	0.16	0.16	0.16
	800-1500	0.03	0.03	0.03	0.07	0.07	0.07	0.07

表 7.2　方形管（A＝B）的聲音穿透損失值 TLrb（dB／公尺）

	A(mm)	63Hz	125Hz	250Hz	500Hz	1000Hz	2000Hz	4000Hz
TLrb	75-200	0.16	0.33	0.49	0.33	0.33	0.33	0.33
	200-400	0.49	0.66	0.49	0.33	0.23	0.23	0.23
	400-800	0.82	0.66	0.33	0.16	0.16	0.16	0.16
	800-1500	0.66	0.33	0.16	0.10	0.07	0.07	0.07

【範例 7-1】一內裸圓形直管的內徑為 100mm，管長 15 公尺，試預估在 250Hz 處，直裸管的前後端之音量衰減值為若干？

[解]

查表 7.1：

at f＝250Hz & D＝100mm

TLcb＝0.1(dB/m)

⇒ 前後端之音量衰減值＝TLcb*L＝0.1*15＝1.5 (dB)

7.3.2 肘彎管

　　內裸肘彎管路內的吸音性能與管路內壁的粗糙度及流道外型有關，粗糙度高的管路其減音效果愈佳，流道外型越流線化的圓弧管及內有導流板翼者，其減音值愈小，依肘彎管路內的結構分為 (1) 方形肘彎管（圖 7.11）

及 (2) 流線化管（圓弧或導流板翼肘彎管）（圖 7.12）二類，減音效果如表 7.3 與表 7.4：

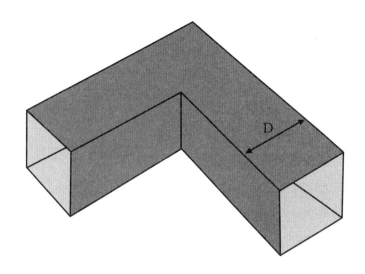

圖 7.11　內裸的方形肘彎管路

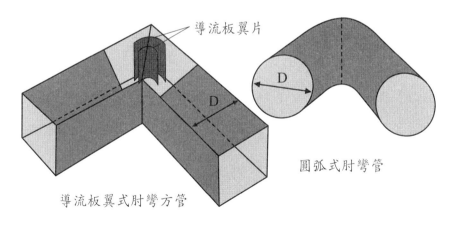

導流板翼片

D

圓弧式肘彎管

導流板翼式肘彎方管

圖 7.12　內裸的流線化管（圓弧式或導流板翼式肘彎管）

表 7.3 　方形肘彎管的聲音穿透損失值 TLeb（dB／公尺）

	A(mm)	63Hz	125Hz	250Hz	500Hz	1000Hz	2000Hz	4000Hz
	75-100	-	-	-	-	1	7	7
	100-150	-	-	-	-	5	8	4
	150-200	-	-	-	1	7	7	4
	200-250	-	-	-	5	8	4	3
	250-300	-	-	1	7	7	4	3
	300-400	-	-	2	8	5	3	3
	400-500	-	-	5	8	4	3	3
	500-600	-	-	6	8	4	3	3
	600-700	-	1	7	7	4	3	3
	700-800	-	2	8	5	3	3	3
TLeb	800-900	-	3	8	5	3	3	3
	900-1000	-	5	8	4	3	3	3
	1000-1100	1	6	8	4	3	3	3
	1100-1200	1	7	7	4	3	3	3
	1200-1300	1	7	7	4	3	3	3
	1300-1400	2	8	7	3	3	3	3
	1400-1500	2	8	6	3	3	3	3
	1500-1600	3	8	5	3	3	3	3
	1600-1800	5	8	4	3	3	3	3
	1800-2000	6	8	4	3	3	3	3

表 7.4　流線化肘彎管的聲音穿透損失值 TLes（dB／公尺）

	A(mm)	63Hz	125Hz	250Hz	500Hz	1000Hz	2000Hz	4000Hz
TLes	150-250	-	-	-	-	1	2	3
	250-500	-	-	-	1	2	3	3
	500-1000	-	-	1	2	3	3	3
	1000-2000	-	1	2	3	3	3	3

【範例 7-2】一邊長為 950mm 的內裸方形管，轉彎處接方形肘彎管路，肘彎管路上游音量如下，試求肘彎管路下游音量為何？

八音度中心頻率 -Hz	125	250	500	1000	2000	4000
肘彎管路上游音量 -dB(A)	100	103	95	90	86	83

[解]

八音度中心頻率 -Hz	125	250	500	1000	2000	4000
肘彎管路上游音量 -dB(A)	100	103	95	90	86	83
肘彎管路聲音穿透損失值 TLeb	5	8	4	3	3	3
肘彎管路下游音量 = 上游音量 -TLeb dB(A)	95	95	91	87	83	80

$$LPT = 10 \log \sum_{i=1}^{n} (10^{9.5} + 10^{9.5} + 10^{9.1} + 10^{8.7} + 10^{8.3} + 10^{8.0})$$

$$= 99.23 \ dB(A)$$

7.4 管路內襯吸音處理 [4]

7.4.1 直管

　　管徑內襯吸音材能增加音波的聲音衰減，一般而言，管徑愈小者，其減音效果愈好，且內襯材在高頻音的抑制上，圓型斷面管之效果明顯地較

佳，相關圓形管（圖7.13）及矩形管（圖7.14）的內襯吸音效果，敘述如下：

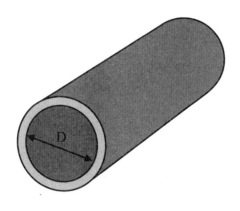

圖 7.13　內襯圓形管

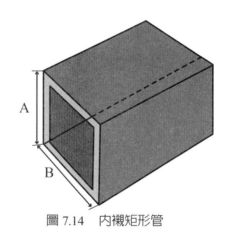

圖 7.14　內襯矩形管

7.4.1.1 圓形斷面管

圓形管在特定頻率 f 下，每公尺管長的聲音穿透損失值 TLc(f) 為

$$TLc\left(f\right)=1.07\left(\frac{P}{S}\right)\alpha^{1.4}\quad（dB／公尺）\tag{7.11}$$

限制條件：$\alpha \leqq 0.8$; 250Hz $\leqq$ f $\leqq$ 2000Hz; D > 0.15 公尺　　(7.12)

其中，P 為內襯管的周長，S 為內襯管的截面積，α 為內襯吸音材在特定頻率 f 下的吸音率。

7.4.1.2 矩形斷面管

矩形管在特定頻率 f 下，每公尺管長的聲音穿透損失值 TLr(f) 為

$$TLr(f) = 1.07\left(\frac{P}{S}\right)\alpha^{1.4} \quad (\text{dB / 公尺}) \tag{7.13}$$

限制條件：$\alpha \leq 0.8; 250Hz \leq f \leq 2000Hz; B \leq 0.9$ 公尺 $; 0.5 < A/B < 2.0$

$$\tag{7.14}$$

其中，P 為內襯管的周長，S 為內襯管的截面積，α 為內襯吸音材在特定頻率 f 下的吸音率。

【範例 7-3】一邊長為 950mm 的內襯矩形管（A = 40cm，B = 30cm），內襯吸音材的 α 值如下：

八音度中心頻率 -Hz	125	250	500	1000	2000	4000
α	0.1	0.2	0.4	0.6	0.7	0.76

內襯矩形管內之上游音量如下：

八音度中心頻率 -Hz	125	250	500	1000	2000	4000
內襯矩形管上游音量 -dB(A)	83	86	91	94	100	92

試求內襯矩形管長 10m，其內部的音量衰減為若干？管之下游音量為若干？

[解]

八音度中心頻率 -Hz	125	250	500	1000	2000	4000
內襯矩形管上游音量 -dB(A)	83	86	91	94	100	92
α	0.1	0.2	0.4	0.6	0.7	0.76

A	0.4	0.4	0.4	0.4	0.4	0.4
B	0.3	0.3	0.3	0.3	0.3	0.3
P	1.4	1.4	1.4	1.4	1.4	1.4
S	0.12	0.12	0.12	0.12	0.12	0.12
內襯矩形管聲音穿透損失值 $\text{TLr}(f) = 1.07 \left(\dfrac{P}{S}\right) \alpha^{1.4}$	0.496	1.311	3.461	6.105	7.576	8.500
L	10	10	10	10	10	10
TLr*L	4.96	13.11	34.61	61.05	75.76	85
內襯矩形管下游音量 = 上游音量 -TLr*L dB(A)	78.0	72.9	56.4	32.9	24.2	7

$$LpT = 10 \log \sum_{i=1}^{n} (10^{7.8} + 10^{7.29} + 10^{5.64} + 10^{3.29} + 10^{2.42} + 10^{0.7})$$

$$= 79.2 \text{ dB(A)}$$

7.4.2 肘彎管

內襯肘彎管路內的吸音性能與管路內壁吸音材的吸音性能及流道斷面尺寸有關，在邊長為 D 的方形肘彎管（圖 7.15）之二面內壁襯以 D/10 厚度的吸音材，其聲音穿透損失值 TLe 如下：

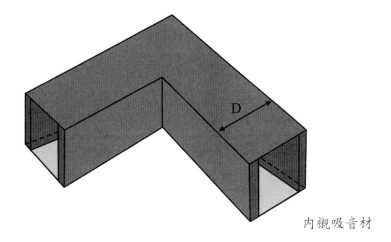

內襯吸音材

圖 7.15　內襯吸音材的方形肘彎管路

表 7.5　方形肘彎管的聲音穿透損失值 TLe（dB／公尺）

	A(mm)	63Hz	125Hz	250Hz	500Hz	1000Hz	2000Hz	4000Hz
	75-100	-	-	-	-	2	13	18
	100-150	-	-	-	1	7	16	18
	150-200	-	-	-	4	13	18	18
	200-250	-	-	1	7	16	18	16
	250-300	-	-	2	11	18	18	17
	300-400	-	-	4	14	18	18	17
TLe	400-500	-	1	5	16	18	16	17
	500-600	-	1	8	17	18	16	17
	600-700	-	2	13	18	18	17	18
	700-800	-	3	14	18	17	16	18
	800-900	-	4	15	18	18	17	18
	900-1000	-	5	16	18	17	17	18
	1000-1100	1	7	17	18	16	17	18

	A(mm)	63Hz	125Hz	250Hz	500Hz	1000Hz	2000Hz	4000Hz
TLe	1100-1200	1	8	17	18	16	17	18
	1200-1300	1	10	17	18	16	17	18
	1300-1400	2	11	18	18	16	17	18
	1400-1500	2	12	18	18	16	17	18
	1500-1600	3	14	18	18	17	18	18
	1600-1800	4	15	18	18	17	18	18
	1800-2000	5	16	18	17	17	18	18

練習 7

1. 一內裸圓形直管的內徑為 350mm，管長 20 公尺，試預估在 500Hz 處，直裸管的前後端之音量衰減值為若干？

2. 一邊長為 750mm 的內裸方形管，轉彎處接方形肘彎管路，肘彎管路上游音量如下，試求肘彎管路下游音量為何？

八音度中心頻率 -Hz	125	250	500	1000	2000	4000
肘彎管路上游音量 -dB(A)	90	83	80	75	79	72

3. 一邊長為 1300mm 的內襯矩形管（A = 50cm，B = 40cm），內襯吸音材的 α 值如下：

八音度中心頻率 -Hz	125	250	500	1000	2000	4000
α	0.15	0.25	0.3	0.52	0.63	0.75

內襯矩形管內之上游音量如下：

八音度中心頻率 -Hz	125	250	500	1000	2000	4000
內襯矩形管上游音量 -dB(A)	80	82	88	96	103	98

試求內襯矩形管長 6m，其內部的音量衰減及下游音量為若干？

第八章　聲音隔離

8.1 定義

以隔音材置於聲源室與受音室之間，使聲源室的聲音傳播至受音室的音量降低，此即所謂的聲音隔離。

上述聲音傳播的途徑僅考慮聲音在空氣傳遞，就英國標準 BS2750 的定義而言，此隔音材的抵抗聲音穿透的能力稱之為減音指數（sound reduction index, SRI），此與「聲音穿透損失（sound transmission loss, STL）」有相同的意義。

8.2 聲音穿透

聲波在空氣中以連續局部的擠壓（compression）與伸展（rarefactions）的方式將縱向的聲波以音速傳播，當聲波接觸到隔音材時，一部分聲波反射，而另部分聲波進入隔音材內，以能量觀點而論，入射的音能大部分轉換成隔音材的振動能量（入射音波激勵隔音材而產生微小的擾曲或彎曲振動如圖 8.1），其餘部分則以其他的方式（如熱）逸散於隔音材內，而隔音材的振動將再藉由隔音材另一端的空氣介質以音能方式傳播至受音室。

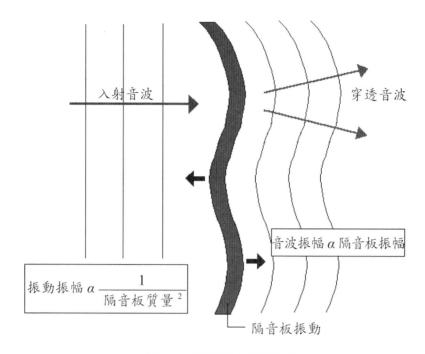

入射音波

穿透音波

音波振幅 α 隔音板振幅

$$振動振幅\ \alpha\ \frac{1}{隔音板質量^2}$$

隔音板振動

圖 8.1　隔音材之彎曲振動

其中，隔音材的振動能量（$E_板$）將與隔音材的質量（m）平方成反比，即 $E_{板(1)} \propto k/m^2$

當隔音材的質量增為 2m 時，隔音材的振動能量（$E_{板(2)}$）變為 $k/4m^2$，二者的音能位準為

$$Lw_{板(1)} = 10\log[E_{板(1)}/Eo] \tag{8.1}$$

$$Lw_{板(2)} = 10\log[E_{板(2)}/Eo] \tag{8.2}$$

$$SRI\ (sound\ reduction\ index) = Lw_{板(1)} - Lw_{板(2)} \tag{8.3}$$

$$= 10\log[(k/m^2)/(k/4m^2)] = 6dB$$

由上述質量與減音指數的關係，形成聲學上的質量定律（Mass Law）現象。

8.3 試驗室的減音指數檢測

減音指數（sound reduction index, SRI）必須在特別的試驗室中進行（如圖 8.2），所有試驗室的構造必須依英國標準 BS2750 或國際標準（ISO）R140 的規定，試驗中的聲音傳遞路徑僅能藉由空氣穿透隔板（隔音材）而進入受音室，受音室的強迴響特性下，隔音材的減音指數（SRI）表示如下：

$$SRI(dB) = Lp1 - Lp2 + 10log(S/A_2) \qquad (8.4)$$

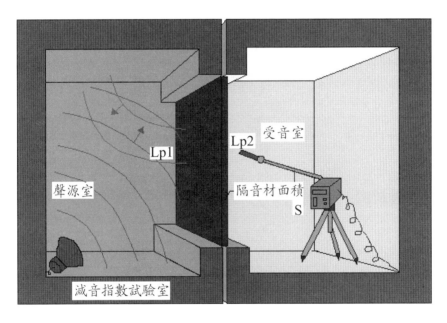

圖 8.2　隔音材之減音指數試驗室

其中，Lp1 為聲源室的音壓位準，Lp2 為受音室的音壓位準，S 為隔板（隔音材）面積，A_2 為受音室的的吸音能力。

當式（8.4）中的受音室的的吸音能力 A_2 不易求得時，可用受音室迴響時間 T_2 取代，即 $SRI(dB) = Lp1 - Lp2 + 10log(ST_2/0.161V_2)$ (8.5)

　　分別播放 16 個從 100 ～ 3150Hz 之 1/3 八音頻帶音能，可獲得相應頻率下的隔音材 SRI 值，取 16 個值的算術平均即可代表此隔音材的阻音（聲音隔離）能力，此平均減音指數又與 500Hz 的單獨 SRI 值（又可稱為 STC，Sound Transmission Class）相近，一般建材的八音度聲音穿透損失值如表 8.1 所示。

　　如式 (8.4) 所示，減音指數 SRI 係為聲源室與受音室的音壓位準差，並以隔板（隔音材）面積 S 及受音室的的吸音能力 A2 做修正，其音能衰減百分比所對應的減音指數（SRI or STL）值如圖 8.3 所示。

表 8.1　一般建材的聲音穿透損失值 [21]

材料	聲音穿透損失（Sound Transmission Loss）					
	125Hz	250Hz	500Hz	1000Hz	2000Hz	4000Hz
磚，4in	30	36	37	37	37	43
煤渣塊（中空），7 5/8in	33	33	33	39	45	51
混凝土塊（輕級），6in	38	36	40	45	50	56
幕（乙烯鉛），1 1/2lb/ft²	22	23	25	31	35	42
門（硬木），2 5/8in	26	33	40	43	48	51
礦物纖維板，5/8in	30	32	39	43	53	60
玻璃平板，1/4in	25	29	33	36	26	35
玻璃薄板，1/2in	23	31	38	40	47	52
金屬孔板附礦物纖維，4in	28	34	40	48	56	62
夾板，1/4 in, 0.7 lb/ ft²	17	15	20	24	28	27
夾板，3/4in, 2 lb/ft²	24	22	27	28	25	27
鋼，1.2t, 2lb/ft²	15	19	31	32	35	48
鋼，1.5t, 2.5lb/ft²	21	30	34	37	40	47
金屬薄板，2 lb/ft²	15	25	28	32	39	42

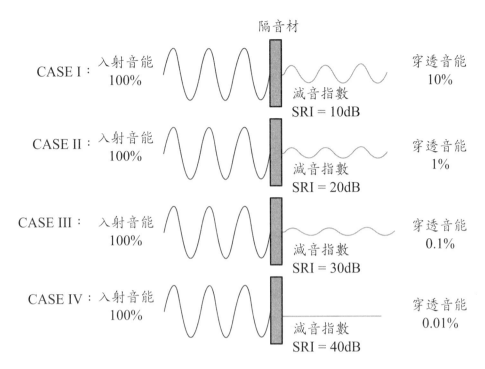

圖 8.3　音能衰減百分比所對應的減音指數（SRI or STL）值

8.4 聲音穿透等級（Sound transmission class, STC）

在每個頻率下的實際 STL 與 STC 曲線差值不大於 8dB 及上述差值的總和不大於 32dB 下，可用隔音材在 500Hz 下的 STL 代表隔音材的隔音性能。

【範例 8-1】有一隔音材的 STL（or SRI）值如下，STC = ?

頻率 SRI-dB	125	250	500	1000	2000	4000
磚，4in	30	36	37	37	37	43

[解]

　　STC = 37dB

8.5 聲音穿透係數（Sound transmission coefficient）[19]

一隔音材之左側以垂直音波入射，音波的入射音壓及入射音能（音功率）分別爲 $p_{incident}$ 及 $W_{incident}$，音波穿透隔音材後，其剩餘的穿透音壓 $p_{transmitted}$ 及穿透音能 $W_{radiated}$ 進入右側的吸音室，並被完全吸收，相關之隔音材的音穿透圖說如圖 8.4。

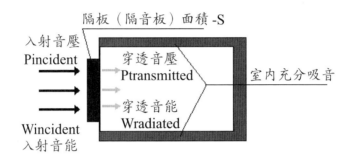

圖 8.4　隔音材的音穿透圖說

隔音材之聲音穿透係數 τ 定義：

$$\tau \text{ (sound transmission coefficient)} = \frac{W_{radiated}}{W_{incident}} \tag{8.6}$$

回顧音強公式：$I = \frac{p^2}{\rho_o c} = \frac{W}{S}$ (8.7)

$$\Rightarrow W_{incident} = \frac{p_{incident}^2}{\rho_o c};\; W_{radiated} = \frac{p_{transmitted}^2}{\rho_o c} \tag{8.8}$$

所以，τ (sound transmission coefficient) 的另一式爲

$$\tau = \frac{W_{radiated}}{W_{incident}} = \frac{p_{transmitted}^2}{p_{incident}^2} \tag{8.9}$$

依音減係數 SRI（或音穿透損失 STL）的定義：

$$\text{SRI（或 STL）} = 10\log\left(\frac{W_{incident}}{W_{radiated}}\right) \tag{8.10}$$

$$\Rightarrow \text{STL} = 10\log(1/\tau) \tag{8.11}$$

$$\Rightarrow \tau = \frac{1}{10^{\frac{STL}{10}}} \tag{8.12}$$

【範例 8-2】有一辦公室與一機房相鄰，二者間以隔音材分隔，磚牆的 SRI（or STL）=30 dB，求其聲音穿透係數 τ=？

[解]

$$\Rightarrow \tau = \frac{1}{10^{\frac{STL}{10}}} = \frac{1}{10^{\frac{30}{10}}} = 0.001$$

8.6 緊鄰二室的隔音設計 [19]

Room#1 內放置音源設備，該設備發出音功率 W1(watt)，Room#1 的平均吸音率、表面積與室形常數分別為 $\bar{\alpha}$、S1 及 R1，緊鄰 Room#1 旁為人員聚集的 Room#2，中間以隔音材分隔，隔音材的聲音穿透係數、吸音率與面積分別為 τ、α_w 及 Sw，隔音材吸收自音源的音功率為 W_α，Room#2 的平均吸音率與室形常數分別為 $\bar{\alpha}_2$ 及 R2，相關二室隔音設計的平面圖（Plan view）如下圖 8.5

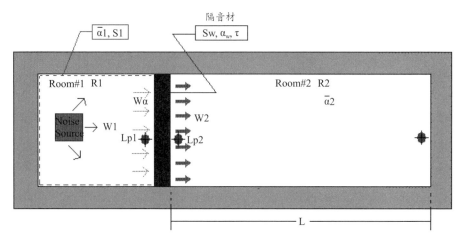

圖 8.5　二室隔音設計的平面圖

隔音材之聲音穿透係數 τ 定義：

$$\tau \text{ (sound transmission coefficient)} = \frac{W_2}{W_\alpha} \tag{8.13}$$

其中，

$$W_\alpha = W_{r1} \frac{Sw \cdot \alpha_w}{S_1 \cdot \overline{\alpha}_1} = W_1 (1 - \overline{\alpha}_1) \frac{Sw \cdot \alpha_w}{S_1 \cdot \overline{\alpha}_1} \tag{8.14a}$$

$$\Rightarrow W_\alpha = \frac{W_1 \cdot Sw \cdot \alpha_w}{R_1} \tag{8.14b}$$

上述 W_{r1} 爲 Room#1 內的反射音能，由公式 (8.13) 及 (8.14)

$$\Rightarrow W_2 = \frac{W_1 \cdot Sw \cdot \tau \cdot \alpha_w}{R_1}$$

在 Room#2 內的聲音能量密度 δ_2，包括直傳音能量密度 δ_{d2} 及反射音能量密度 δ_{r2} 二種，爲

$$\delta_2 = \delta_{d2} + \delta_{r2} \tag{8.15}$$

其中，$$\delta_{d2} = \frac{W_2 \cdot t}{V_2} = \frac{W_2 \cdot \dfrac{L}{c}}{V_2} = \frac{W_2}{Sw \cdot c} \tag{8.16a}$$

$$\delta_{r2} = \frac{4W_2}{cR_2} \tag{8.16b}$$

聲音能量密度 δ_2 可以下式表示：

$$\delta_2 = \frac{p_2^2}{\rho_o c^2} \tag{8.17a}$$

或　$p_2^2 = \rho_o c^2 \delta_2$ $\tag{8.17b}$

結合公式 (8.15)～(8.17)，在 Room#2 內的受音點 pt2（靠近隔音牆面）
之音壓平方值 p_2^2 為

$$p_2^2 = W_1 \rho_o c \left(\frac{1}{\tau}\right)^{-1} \left(\frac{1}{4} + \frac{Sw}{R_2}\right) \tag{8.18}$$

依音壓位準的定義：$Lp2 = 10\log \dfrac{p_2^2}{p_{re}^2}$ ；$p_{re} = 2*10^{-5}$ (N/m^2) $\tag{8.19}$

$$\Rightarrow Lp2 = Lw1 + 10\log\left(\frac{4}{R_1}\right) - 10\log\left(\frac{1}{\tau}\right) + 10\log\left(\frac{1}{4} + \frac{Sw}{R_2}\right)$$

$$= Lp1 - STL + 10\log\left(\frac{1}{4} + \frac{Sw}{R_2}\right) \tag{8.20}$$

受音點 pt1 與 pt2 之間的音減值 NR（noise reduction）為

$$NR = Lp1 - Lp2 = STL - 10\log\left(\frac{1}{4} + \frac{Sw}{R_2}\right) \tag{8.21}$$

當 Room#2 內的受音點 pt3 遠離隔音牆面時，其音壓位準 Lp3 為

$$Lp3 = Lp1 - STL + 10\log\left(\frac{Sw}{R_2}\right) \tag{8.22}$$

此時，受音點 pt1 與 pt3 之間的音減值 NR（noise reduction）為

$$NR = Lp1 - Lp3 = STL - 10\log\left(\frac{Sw}{R_2}\right) \tag{8.23}$$

當 Room#2 內的室形常數 R_2 為無窮大時，即 Room#2 為空曠的外界
（如圖 8.6），此時 Room#1 內、外的二點的音減值為

$$NR = Lp1 - Lp2 = STL - 10\log\left(\frac{1}{4}\right) = STL + 6 \tag{8.24}$$

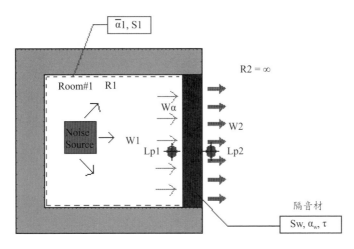

圖 8.6　Room#1 外接空曠的外界的平面圖

【**範例** 8-3】有一辦公室的體積爲 $250m^3$，其與一機房相鄰，二者間以 4 吋厚的磚牆分隔，磚牆的面積爲 $15m^2$，其 SRI（或 STL）值、Lp1 及辦公室的室形常數 R_2 如下：

頻率 SRI(STL)-dB	125	250	500	1000	2000	4000
磚，4in	30	36	37	37	37	43

機房內（近磚牆處）的音壓位準如下：

頻率	125	250	500	1000	2000	4000
Lp1-dB(A)	90	102	100	95	88	78

已知辦公室的室形常數如下：

頻率	125	250	500	1000	2000	4000
室形常數 R_2-m^2	36	58	112	156	180	210

試計算辦公室內，靠近磚牆的點 Pt2 之音壓位準 Lp2 爲若干 dB(A)。

[解]

依公式（8.20）：$Lp2 = Lp1 - STL + 10 \log \left(\dfrac{1}{4} + \dfrac{Sw}{R_2} \right)$

頻率	125	250	500	1000	2000	4000
Lp1-dB(A)	90	102	100	95	88	78
V_2-m^3	250	250	250	250	250	250
Sw	15	15	15	15	15	15
R_2-m^2	36	58	112	156	180	210
$10 \log \left(\dfrac{1}{4} + \dfrac{Sw}{R_2} \right)$	-1.76	-2.93	-4.15	-4.60	-4.77	-4.92
STL	30	36	37	37	37	43
$Lp2 = Lp1\text{-}STL + 10\log \left(\dfrac{1}{4} + \dfrac{Sw}{R_2} \right)$ -dB(A)	58.2	63.0	58.8	53.3	46.2	30.0

合計點 Pt2 之綜合音壓位準 LpT 爲

$LpT = 10\log\{10^{5.82} + 10^{6.3} + 10^{5.88} + 10^{5.33} + 10^{4.62} + 10^{3.0}\}$

$\qquad = 65.7 \text{ dB(A)}$

8.7 聲音隔離的控制 [19]

　　隔音材的聲音隔離效果取決於隔音材的重量、剛性、均質性與隔絕性等四種控制因子。

8.7.1 重量

　　隔音材單位面積重量與特定頻率下的聲音穿透損失之關係如下：

$$SRI = 20\log(m.f) - 48 \tag{8.25}$$

其中，m 爲單位面積重量（kg/m^2），f 爲頻率（Hz）

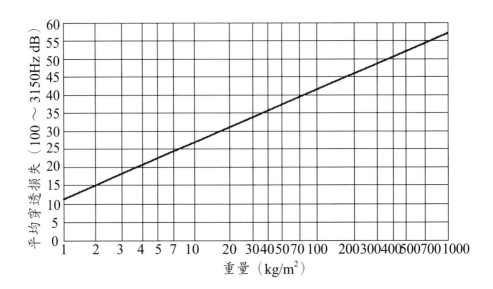

圖 8.7　質量定律

　　圖 8.7 與圖 8.8 爲特定頻率下的隔音材單位面積重量與聲音穿透損失之關係，由圖 8.7 與圖 8.8 顯示，重量加倍時其隔音量將增加 5dB。

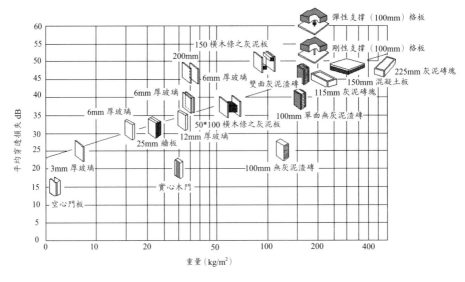

圖 8.8　一般建材的減音性能 [21]

相關隔音材每公分厚下的單位面積重量，如下表 8.2 所示：

表 8.2　相關隔音材每公分厚下的單位面積重量 [21]

隔音材	每公分厚下的單位面積重量 kg/m^2/(cm of thickness)
Brick（磚）	19-23
Cinder Concrete（灰泥混凝土）	15
Dense Concrete（強化混凝土）	23
Wood（木材）	4-8
Common glass（一般玻璃）	29
Lead Sheets（鉛片）	125
Gypsum（吉森板）	10

【範例 8-4】有一片 2cm 厚的玻璃，欲用做辦公隔間，試以質量率估算在 250Hz, 500Hz, 1kHz 及 2kHz 頻率的聲音穿透損失（SRI）值

[解]

$SRI = 20\log(m.f) - 48$

$m = 29*2 = 58 \text{ kg/m}^2$

頻率 f-Hz	250	500	1000	2000
m	58	58	58	58
mf	14500	29000	58000	116000
20log(m.f)	83.23	89.25	95.27	101.29
SRI = 20log(m.f) − 48(dB)	35.23	41.25	47.27	53.29

8.7.2 剛性

圖 8.9 為一典型的隔音材的聲音隔離之控制特性，圖中對聲音隔離之

控制共分爲三個部分，有

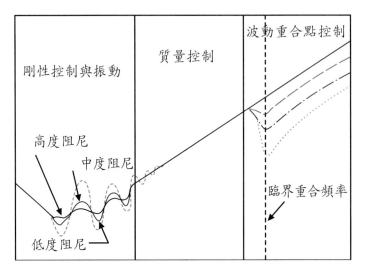

圖 8.9　隔音材的聲音隔離之控制特性

第一部分（低頻）：剛性控制與振動

第二部分（中頻）：質量控制

第三部分（高頻）：隔音材波動重合點的控制

其中，隔音材的剛性對於第一部分及第三部分均有影響。

就第一部分而言，其爲膜片式的低頻共振音源，適當的強化其隔音材的剛性，將能有效提高低頻音域的聲音隔離效果。

就第三部分而言，當入射波長不大於隔音材的波動之波長時，即產生重合效應（增加隔音材的波動），此時隔音材的聲音隔離效果會降低，尤其是當入射波長等於隔音材的波動波長（共振）時，即達到臨界重合損失（critical coincidence loss），此時隔音材的隔音性能將降至最低，適當的調整隔音材的剛性及重量，以改變臨界重合頻率（fc），將能有效提高第三部分的聲音隔離效果，臨界重合頻率（fc）的數學式如下：

$$fc = \frac{c^2}{2\pi t}\left(\frac{12\rho}{E}\right)^{0.5} \tag{8.26}$$

c：音速

t：隔音材的厚度

ρ：隔音材的體積密度

E：隔音材的楊氏係數

8.7.3 均質性

　　隔音材的均質性對其隔音性能的影響很大，當一隔音材爲非均質性時，聲音將會由較脆弱（薄或漏洞或減音性較差者）的地方逸散，因而其總減音量將會下降。

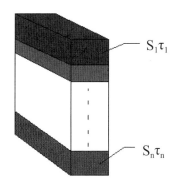

圖 8.10　n 種材質組成的多重隔音板

　　圖 8.10 爲 n 種材質組成的多重隔音板，其平均聲音穿透率爲

$$\bar{\tau} = \frac{\sum\limits_{i=1}^{n} S_i \cdot \tau_i}{\sum\limits_{i=1}^{n} S_i} \tag{8.27}$$

其中，S_i 與 τ_i 分別表示第 i 種隔音材的面積及聲音穿透率。

綜合的聲音穿透損失值 STL_{comp} 爲

$$STL_{comp} = 10 \log\left(\frac{1}{\tau}\right) \tag{8.28}$$

另一種綜合的聲音穿透損失值 STL$_{comp}$ 是以查圖表方式求得，圖 8.11 爲對兩種不同材質組成的隔音材之減音計算圖表，其中，S$_1$ 與 R$_1$ 爲第 1 種隔音材的面積及聲音穿透損失值，S$_2$ 與 R$_2$ 爲第 2 種隔音材的面積及聲音穿透損失值，縱座標爲 2 種隔音材的面積比，曲線值（R1-R2）爲 2 種隔音材的聲音穿透損失差，對應得橫座標Δ爲綜合的聲音穿透損失值 STL$_{comp}$ 與 2 種隔音材中之最大聲音穿透損失 R1 之差值，STL$_{comp}$ 爲

$$STL_{comp} = R1 - \Delta \tag{8.29}$$

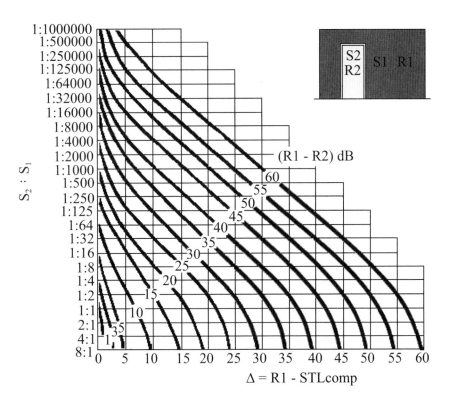

圖 8.11　不均質隔音材的減音計算圖表 [2]

【**範例** 8-5】一片牆面是由磚塊與鐵門所組成，其面積比為 64：1，其 500Hz 處的 SRI 值分別為 55dB 與 35dB，試求此牆面在 500Hz 處的 平均 SRI 值

[**解**]

磚塊面與鐵門的面積比（$S_1 : S_2$）為 64：1

$S_1 = 64S_2$

$$\tau_1 = \frac{1}{10^{\frac{STL_1}{10}}} = \frac{1}{10^{\frac{55}{10}}} = 3.16228*10^{-6}; \ \tau_2 = \frac{1}{10^{\frac{STL_2}{10}}} = \frac{1}{10^{\frac{35}{10}}} = 3.16228*10^{-4}$$

$$\bar{\tau} = \frac{S_1 \cdot \tau_1 + S_2 \cdot \tau_2}{S_1 + S_2} = \frac{64S_2 \cdot (3.16228*10^{-6}) + S_2*(3.16228*10^{-4})}{64S_2 + S_2}$$

$$= 7.97867*10^{-6}$$

$$STL_{comp} = 10 \log\left(\frac{1}{\tau}\right) = 10 \log\left(\frac{1}{7.97867*10^{-6}}\right) = 51 \text{ dB}$$

【**範例** 8-6】一片磚牆含有縫隙，磚牆與縫隙的面積比為 125：1，已知 磚牆的 SRI 值如下表：

材料	聲音穿透損失（Sound Transmission Loss）					
	125 Hz	250 Hz	500 Hz	1000Hz	2000Hz	4000Hz
磚牆	30	36	37	37	37	43

試以查表法求此磚牆在各頻率的平均 SRI 值為若干？

[**解**]

磚塊面與縫隙的面積比（S1：S2）為 125：1

SRI（STL）的差值 = R1-R2

材料	聲音穿透損失（Sound Transmission Loss）					
	125 Hz	250 Hz	500 Hz	1000Hz	2000Hz	4000Hz
磚牆（R1）	30	36	37	37	37	43
縫隙（R2）	0	0	0	0	0	0
R1（磚牆）-R2（縫隙）	30	36	37	37	37	43

對照圖 8.11 的相關曲線可得八音頻的隔絕損失值如下：

材料	聲音穿透損失（Sound Transmission Loss）					
	125 Hz	250 Hz	500 Hz	1000Hz	2000Hz	4000Hz
磚牆（R1）	30	36	37	37	37	43
縫隙（R2）	0	0	0	0	0	0
R1（磚牆）-R2（縫隙）	30	36	37	37	37	43
Δ	9.5	15	16	16	16	23
$STL_{comp} = R1 - \Delta$	20.5	21	21	21	21	20

8.7.4 隔絕性

利用中空的設計，可以增強隔音材的隔音性能，舉如一 4 吋厚的磚塊在 500Hz 的音量為 37 dB，若將磚塊的厚度加厚 1 倍，以質量定律計算，隔音量將增為 37 + (5~6) dB，若採取中空的設計，則理想（不考慮聲音側傳）的 STL（或 SRI）值為 37 + 37 dB，為降低中空處的共振，一般可在此中空處填塞低密度的玻璃棉。

一般玻璃窗的隔音性能如表 8.3，為增強玻璃窗的隔音性能，可採用中空的設計，即二片玻璃之間隔一道空氣層，結果顯示（如表 8.4），其隔音性能較單層玻璃窗有顯著的改善。

表 8.3　單層玻璃窗的聲音穿透損失值 [21]

頻率（Hz）	單層玻璃窗之厚度			
	0.3(cm)	0.6(cm)	1.2(cm)	2.0(cm)
	單位面積重（kg/m^2）			
	7.5	15	32.5	50
	穿透損失值 -dB			
31.5	0	5	11	14
63	5	11	17	20
125	11	17	23	24
250	17	23	25	25
500	23	25	26	27
1000	25	26	27	28
2000	26	27	28	29
4000	27	28	30	33
8000	28	30	36	39

表 8.4　雙層玻璃窗的聲音穿透損失值 [21]

頻率（Hz）	雙層玻璃窗之厚度（cm）		
	玻璃 - 空氣層 - 玻璃		
	0.6-0.6-0.6	0.6-1.2-0.6	0.6-1.5-0.6
	穿透損失值 - dB		
31.5	13	14	15
63	18	19	20
125	23	23	24
250	24	25	28
500	24	27	31
1000	26	31	37
2000	28	34	40
4000	30	37	43
8000	36	42	46

練習 8

1. 有一辦公室的體積爲 550m³，其與一機房相鄰，二者間以 4 吋厚的磚牆分隔，磚牆的面積爲 35m²，其 SRI（或 STL）值、Lp1 及辦公室的室形常數 R_2 如下：

頻率 (Hz) SRI(STL)-dB	125	250	500	1000	2000	4000
磚，4in	30	36	37	37	37	43

機房內（近磚牆處）的音壓位準如下：

頻率 (Hz)	125	250	500	1000	2000	4000
Lp1-dB(A)	100	108	114	106	95	86

已知辦公室的室形常數如下：

頻率 (Hz)	125	250	500	1000	2000	4000
室形常數 R_2-m²	32	52	100	136	155	190

試計算辦公室內，靠近磚牆的點 Pt2 之音壓位準 Lp2 爲若干 dB(A)。

2. 一片牆面是由磚塊與鐵門所組成，其面積比爲 100：1，其 1000Hz 處的 SRI(STL) 值分別爲 45dB 與 33dB，試求此牆面在 1000Hz 處的平均 SRI 值。

3. 有一片 3cm 厚的玻璃，欲用做辦公隔間，試以質量率估算在 250Hz, 500Hz, 1kHz 及 2kHz 頻率的聲音穿透損失（SRI）值。

第九章 噪音控制的方法

一般工業典型的噪音控制的方法有三種方式，包括 (1) 音源體的控制；(2) 路徑隔絕；(3) 受音者防護，敘述如下：

9.1 音源體的控制

聲波的產生，是使彈性介質的流場產生微擾壓力變化，而形成音壓的波動，最常見的音壓波動有 (1) 物體振動壓迫彈性介質的音壓波動及 (2) 流體高速流動產生紊流的壓力微擾跳動二種，欲改善上述兩種音源，典型的方法包括 (1) 管路流場之紊流極小化；及 (2) 避免設備的結構系統共振，敘述如下：

9.1.1 管路流場之紊流極小化

圖 9.1 ～ 9.5 為管路流場之紊流極小化的設計，除了以調整整流擋板位置、加置擾流器、管路流線化來延遲或減低紊流外，亦加置圓孔板以降低壓力差，上述方式可以減低紊流之管路噪音。

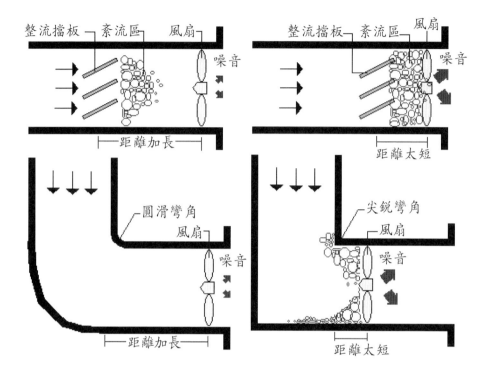

圖 9.1 控制整流檔板與風扇距離並改善流道外型之設計

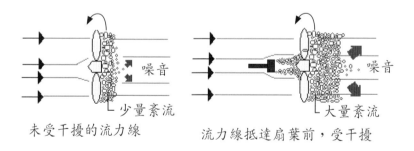

圖 9.2 避免在扇葉前端放置障礙物之設計

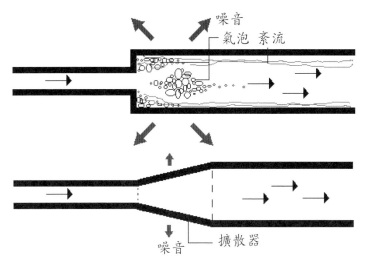

圖 9.3 管路流線化之設計

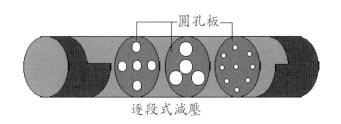

圖 9.4 管路加置圓孔板（Orifice）以減低壓差之設計

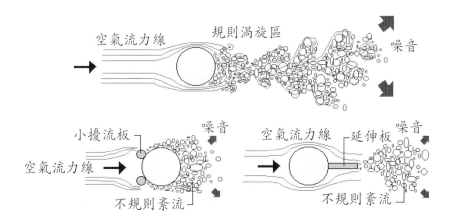

圖 9.5 加不規則的擾流器之設計

9.1.2 避免設備的結構系統共振

圖 9.6〜9.7 為避免設備的結構系統共振的設計，除了調整 (1) 振動體基礎或結構的重量；(2) 振動體支撐彈簧或結構的剛性以改變系統自然頻率（Natural Frequency）外，亦可加置阻尼材料以改變系統自然頻率，上述方式可以避免振動體（設備）與系統之共振。

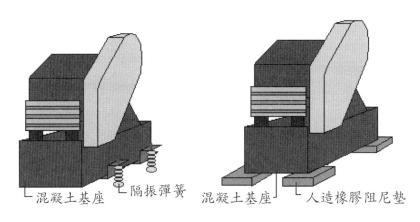

混凝土基座　隔振彈簧　混凝土基座　人造橡膠阻尼墊

圖 9.6　設備底部加裝阻尼墊及彈簧隔振器之設計

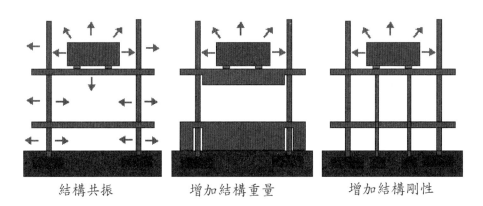

結構共振　　　　　增加結構重量　　　　增加結構剛性

圖 9.7　避開設備與結構共振之設計

9.2 路徑隔絕

　　典型的防音設計，主要分為 (1) 空氣傳音的路徑隔絕與 (2) 結構音傳的路徑隔絕二種。空氣傳音的路徑隔絕之常用措施，包括 (1) 隔音牆；(2) 隔音罩；(3) 局部圍封；(4) 室內吸音處理；(5) 管線包覆 (6) 消音器；及 (7) 吸音百葉，能有效阻隔及吸收空氣中的音能。結構音傳的路徑隔絕之最常見方式，為隔絕振動波傳遞的彈性接管，能阻止振動波傳遞所產生的二次音波現象，相關設計示意如下：

9.2.1 隔音牆設計

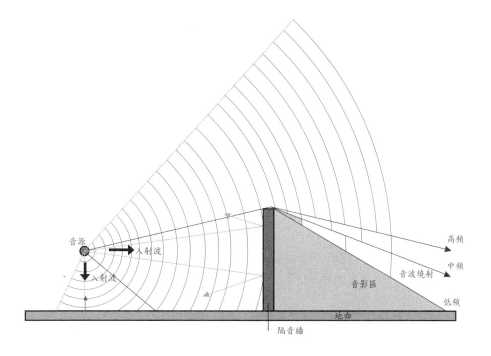

圖 9.8　隔音牆設計

9.2.2 隔音罩

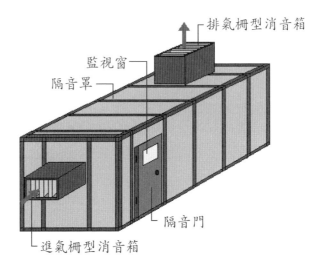

圖 9.9　隔音罩組裝設計

9.2.3 局部圍封

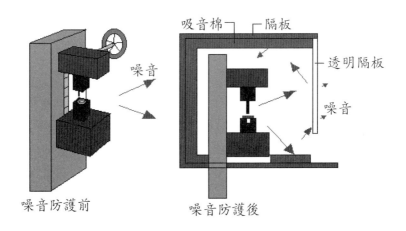

圖 9.10　局部防音圍封之設計

9.2.4 室內吸音處理

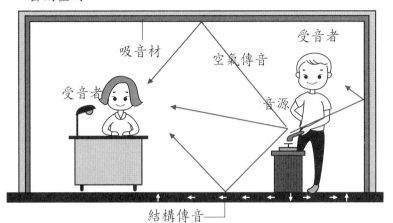

圖 9.11 室內迴音處理之設計

9.2.5 管線包覆

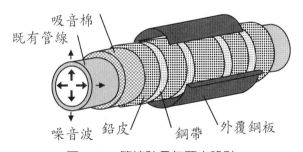

圖 9.12 管線防音包覆之設計

9.2.6 消音器

圖 9.13　簡易膨脹式反射型消音器之設計

9.2.7 吸音百葉

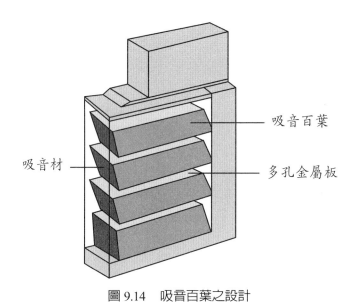

圖 9.14　吸音百葉之設計

9.2.8 彈性接管

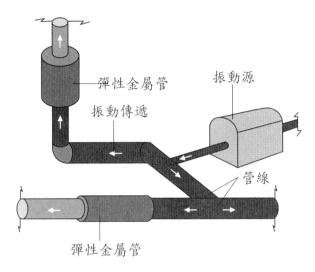

圖 9.15　彈性接管之隔振設計

9.3 受音者防護

當上述音源體控制及路徑隔絕之阻音無法達到預期的減音效果時，則必須對受音者做聽力防護，在受音者防護方面，可設置工作人員專用的靜音室（如圖 9.16）或要求操作員佩帶耳塞或耳罩（如圖 9.17）。

9.3.1 隔音防護室

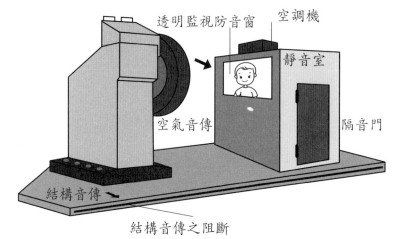

圖 9.16　工作人員專用的靜音室設計

9.3.2 耳塞‧耳罩

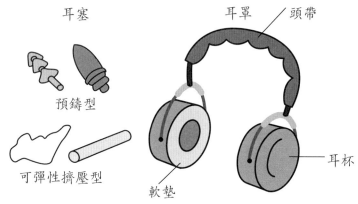

圖 9.17　操作員佩帶專用的耳塞或耳罩

練習 9

1. 試說明一般工業典型的噪音控制的方法有哪三種方式？具體措施為何？

第十章　隔音牆與隔音罩

10.1 隔音牆（Sound barrier）

10.1.1 室內隔音牆（indoor sound barrier）[19]

在密閉的室內（參閱圖 10.1），任一點的瞬間聲音能量密度 δ 為

$$\delta = \delta_d + \delta_r \tag{10.1}$$

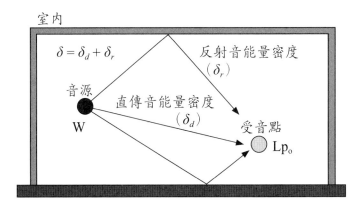

圖 10.1　密閉室內的瞬間聲音能量密度 δ

其中，δ_r 為反射的瞬間聲音能量密度，δ_d 為直傳的瞬間聲音能量密度，W 為音源的音功率。

在受音點處的總均方音壓值 p_o^2，包括反射音及直傳音（參閱圖 10.2），為

$$p_o^2 = W\rho_o c\left(\frac{Q}{4\pi r^2} + \frac{4}{R}\right) \tag{10.2}$$

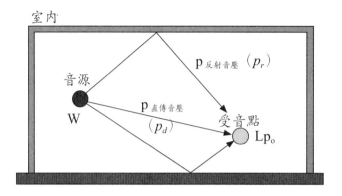

圖 10.2　密閉室內的受音點之音壓位準 Lpo

依音壓位準定義

$Lp_o = 10\log(p_o^2/p_{re}^2)$

$\Rightarrow Lp_o = Lw + 10\log\left(\dfrac{Q}{4\pi r^2} + \dfrac{4}{R}\right)$ (10.3)

其中，p_r 為反射音壓（reverberant sound pressure），p_d 為直傳音壓（direct sound pressure），Q 為方向性因子，Lw 為音源的音能位準，R 為室內的室形常數。

在受音點與音源中間安置一道隔音牆後（參閱圖 10.3），室內第一區的瞬間反射聲音能量密度 δ_{r1} 與第二區的瞬間反射聲音能量密度 δ_{r2} 相等，為

$\delta_r = \delta_{r1} = \delta_{r2}$ (10.4)

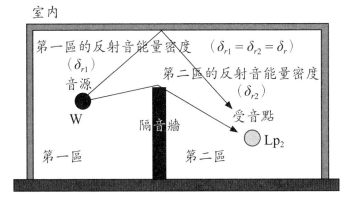

圖 10.3　加置隔音牆後的密閉室內的瞬間反射聲音能量密度 δ_r

在受音點處的總均方音壓值 p_2^2，包括反射音及直傳音（參閱圖 10.4），為

$$p_2^2 = p_{r2}^2 + p_{b2}^2 \tag{10.5}$$

依音壓位準定義

$$Lp_2 = 10 \log\left(\frac{p_{r2}^2 + p_{b2}^2}{p_{re}^2}\right) \tag{10.6}$$

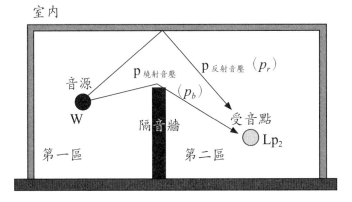

圖 10.4　密閉室內加置隔音牆後的受音點之音壓位準 Lp2

其中，p_{r2} 為第二區的反射音壓（reverberant sound pressure），p_{b2} 為第二區的繞射音壓（diffracted sound pressure），第二區的反射音能量密度及均方反射音壓如下：

$$\delta_r = \frac{4W}{cR} = \frac{p_r^2}{\rho_o c^2} \tag{10.7}$$

$$p_r^2 = \frac{4W\rho_o c}{R} \tag{10.8}$$

由 Moreland & Musa. 文獻 [19]，第二區的均方繞射音壓為

$$p_{b2}^2 = p_{d2}^2 \sum_{i=1}^{n} \frac{1}{3 + 10N_i} \ (\text{Pa}^2) \tag{10.9}$$

其中，N_i 為：Fresnel Number

$$N_i = \frac{2\delta_i}{\lambda} \tag{10.10}$$

δ_i：音源與受音點間的直傳路徑與繞射路徑差（參閱圖 10.5），為

$$\delta_1 = [(r1 + r2) - (r3 + r4)] \tag{10.11a}$$

$$\delta_2 = [(r5 + r6) - (r3 + r4)] \tag{10.11b}$$

$$\delta_3 = [(r7 + r8) - (r3 + r4)] \tag{10.11c}$$

$$p_{d2}^2 = \frac{QW\rho_o c}{4\pi r^2} \ (\text{Pa}^2) \tag{10.12}$$

λ：波長（wavelength）

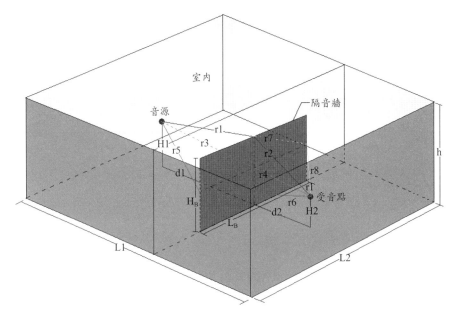

圖 10.5　密閉室內加置隔音牆後的音源與受音點間之直傳路徑與繞射路徑

依 Moreland & Musa [19] 定義：

$$D = \sum_{i=1}^{n} \frac{1}{3 + 10N_i} \tag{10.13}$$

公式（10.9）可表示爲

$$\Rightarrow p_{b2}^2 = \frac{QDW\rho_o c}{4\pi r^2} \tag{10.14}$$

$$= \frac{Q_B W \rho_o c}{4\pi r^2}$$

其中，$Q_B = Q \cdot \sum_{i=1}^{n} \frac{1}{3 + 10N_i}$ \tag{10.15}

$$Q_B = Q \cdot D \ \text{或} \ Q_B = Q \cdot \sum_{i=1}^{n} \frac{\lambda}{3\lambda + 20\delta_i} \tag{10.16}$$

重寫公式（10.5）並彙整

$$p_2^2 = \frac{Q_B W \rho_o c}{4\pi r^2} + \frac{4 W \rho_o c}{R} \tag{10.17}$$

$$\Rightarrow = W \rho_o c \left(\frac{Q_B}{4\pi r^2} + \frac{4}{R} \right)$$

依基本公式

$$Lp_2 = 10 \log \left(\frac{p_2^2}{p_{re}^2} \right) \tag{10.18}$$

最後

$$Lp_2 = 10 \log \left(\frac{W \rho_o c \left(\frac{Q_B}{4\pi r^2} + \frac{4}{R} \right)}{p_{re}^2} \right)$$

$$= Lw + 10 \log \left[\frac{Q_B}{4\pi r^2} + \frac{4}{R} \right] \tag{10.19}$$

聲音插入損失 SIL（Sound Insertion Loss）定義

$$SIL = Lp_a - Lp_2$$

$$= \left\{ Lw + 10 \log \left[\frac{Q}{4\pi r^2} + \frac{4}{R} \right] \right\} - \left\{ Lw + 10 \log \left[\frac{Q_B}{4\pi r^2} + \frac{4}{R} \right] \right\}$$

$$= 10 \log \left[\frac{\frac{Q}{4\pi r^2} + \frac{4}{R}}{\frac{Q_B}{4\pi r^2} + \frac{4}{R}} \right] \tag{10.20}$$

當室內為強迴響環境，則為迴響音主宰音場，為

$$\frac{4}{R} \gg \frac{Q}{4\pi r^2}$$

$$\frac{4}{R} \gg \frac{Q_B}{4\pi r^2}$$

聲音插入損失 SIL 為

$$SIL = 10 \log \left[\frac{\frac{Q}{4\pi r^2} + \frac{4}{R}}{\frac{Q_B}{4\pi r^2} + \frac{4}{R}} \right]$$

$$= 0 \tag{10.21}$$

即在強迴響環境裝置非密閉性的隔音牆，將不具成效且徒勞無功。

10.1.2 戶外隔音牆（outdoor sound barrier）

　　戶外一音源與受音點之位置如圖 10.6，將有限長度的隔音牆安置於音源與受音點之間（參閱圖 10.7），其室形常數 R 為無限大（R →∞）。

圖 10.6　音源與受音點之位置

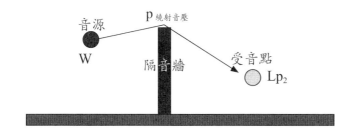

圖 10.7　戶外隔音牆之位置

依公式（10.20），隔音牆插入損失值（SIL）為

$$SIL = 10 \log\left(\frac{Q}{Q_B}\right) = 10 \log\left(\frac{1}{D}\right) \tag{10.22}$$

$$或 SIL = -10 \log\left[\lambda\left(\frac{1}{3\lambda + 20\delta_1} + \frac{1}{3\lambda + 20\delta_2} + \frac{1}{3\lambda + 20\delta_3}\right)\right] \tag{10.23}$$

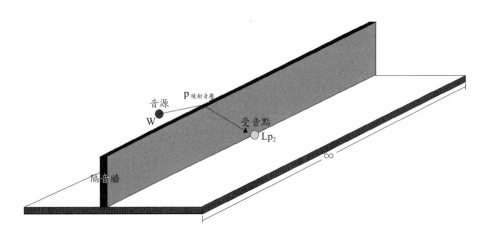

圖 10.8　半無限長的隔音牆長度

當隔音牆長度為半無限長（參閱圖 10.8），其聲音插入損失值為

$$SIL = -10 \log \left[\frac{\lambda}{3\lambda + 20\delta_1} \right] \tag{10.24}$$

$$\delta_1 = [(R^2 + H^2)^{1/2} + (D^2 + H^2)^{1/2} - (R + D)]$$

$$= \left\{ R \left[\left(1 + \frac{H^2}{R^2} \right)^{1/2} - 1 \right] + D \left[\left(1 + \frac{H^2}{D^2} \right)^{1/2} - 1 \right] \right\} \tag{10.25}$$

此半無限長隔音牆的聲音插入損失值 SIL，可表示如圖 10.9

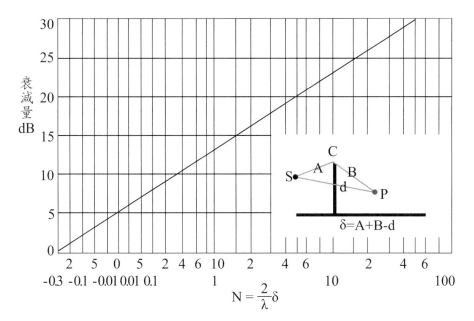

圖 10.9　隔音牆之音遮蔽效應

當 $D \gg D \geq H$ 時（參閱圖 10.10），公式（10.25）可簡化為

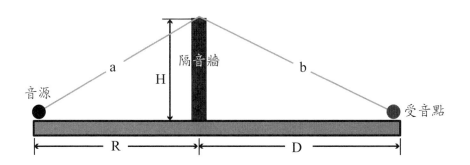

圖 10.10　半無限長的隔音牆長度與音源及受音點位置

$$\Rightarrow \delta_1 \approx R\left[\left(1+\frac{H^2}{R^2}\right)^{1/2}-1\right] \tag{10.26}$$

用二項式定理（binominal theory）

$$\left(1+\frac{H^2}{R^2}\right)^{1/2} \approx \left(1+\frac{H^2}{2R^2}\right) \tag{10.27}$$

得

$$\delta_1 \approx \frac{H^2}{2R} \tag{10.28}$$

$$\Rightarrow SIL = -10\log\left[\frac{\lambda}{3\lambda+(10H^2/R)}\right] \tag{10.29}$$

當 $\dfrac{10H^2}{R} \gg 3\lambda$ 時，公式（10.29）簡化為

$$\Rightarrow SIL \approx 10\log\left(\frac{10H^2}{\lambda R}\right) \tag{10.30}$$

【範例 10-1】有一密閉廠房，廠房內有一壓縮機音源（高 2m），其音能位準如下：

八音度中心頻率 -Hz	63	125	250	500	1000	2000	4000	8000
音能位準 Lw-dB(A)	100	103	110	102	95	90	86	75

廠房的室形常數如下：

八音度中心頻率 -Hz	63	125	250	500	1000	2000	4000	8000
室形常數 R-m²	1000	1500	2400	3000	3800	4600	5400	5600

距離壓縮機正前方 8 公尺處為人員休息區（高 2m），為降低壓縮機對該區的影響，在中央（距離壓縮機 3m，人員休息區 5m）處，設置一寬 10m、高 5m 的隔音牆，試預估該隔音牆的聲音插入損失值為若干 dB？（室內溫度攝氏 15℃）

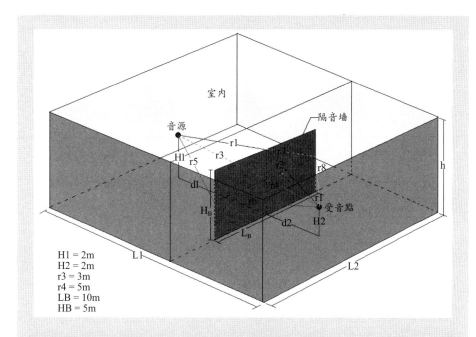

H1 = 2m
H2 = 2m
r3 = 3m
r4 = 5m
LB = 10m
HB = 5m

[解]

　　r1 = 4.24(m); r2 = 5.83(m); r3 = 3(m); r4 = 5(m); r5 = 5.83(m); r6 = 7.07(m); r7 = 5.83(m); r8 = 7.07(m)

八音度中心頻率 -Hz	63	125	250	500	1000	2000	4000	8000
音能位準 Lw-dB(A)	100	103	110	102	95	90	86	75
室形常數 R-m²	1000	1500	2400	3000	3800	4600	5400	5600
δ_1	2.072	2.073	2.072	2.073	2.073	2.073	2.073	2.073
δ_2	4.902	4.902	4.902	4.902	4.902	4.902	4.902	4.902
δ_3	4.902	4.902	4.902	4.902	4.902	4.902	4.902	4.902
λ	5.39	2.72	1.36	0.68	0.34	0.17	0.085	0.0425
N_1	0.768449016	1.524700428	3.049400856	6.098801712	12.19760342	24.39520685	48.79041369	97.58082739
N_2	1.816630832	3.604426255	7.20885251	14.41770502	28.83541004	57.67082008	115.3416402	230.6832803
N_3	1.816630832	3.604426255	7.20885251	14.41770502	28.83541004	57.67082008	115.3416402	230.6832803
Q	1	1	1	1	1	1	1	1
D	0.188083398	0.106027432	0.056491314	0.029217001	0.014866033	0.00749938	0.003766538	0.001887514
QB	0.188083398	0.106027432	0.056491314	0.029217001	0.014866033	0.00749938	0.003766538	0.001887514
r	8	8	8	8	8	8	8	8
Lpo = Lw + 10log Q/4πr² + 4/R]	77.19612583	78.92183616	84.63902205	76.11068647	68.60976927	63.24891338	58.97571399	47.91741881

$Lp2 = Lw + 10\log$ $[Q_B/4\pi r^2 + \dfrac{4}{R}]$	76.26736696	77.46925413	82.39776738	73.36613283	65.29836479	59.43934479	54.72403392	43.55296585
$IL = Lpo-Lp2$	0.928758871	1.452582035	2.241254671	2.744553644	3.311404483	3.809568591	4.251680065	4.364452966

Lpo(total) = 86.7dB(A)

Lp2(total) = 84.7dB(A)

SIL = Lpo − Lp2 = 2dB

【範例 10-2】有一魯式鼓風機音源（高 2m），其音能位準如下：

八音度中心頻率 -Hz	63	125	250	500	1000	2000	4000	8000
音能位準 Lw- dB(A)	95	98	104	108	98	92	88	80

距離鼓風機正前方 10 公尺處為人員活動區（高 2m），為降低鼓風機對該區的影響，在中央（距離鼓風機 2m，人員休息區 8m）處，設置一寬 12m、高 7m 的隔音牆，試預估該隔音牆的八音頻聲音插入損失值為若干 dB？人員休息區的音量為何？（戶外溫度攝氏 20℃）

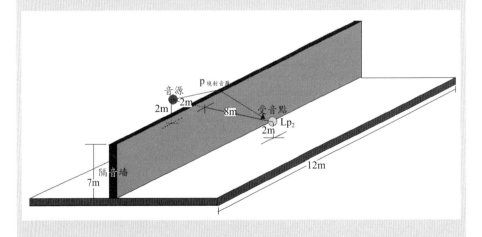

[解]

r1 = 16.15(m); r2 = 9.43(m); r3 = 2(m); r4 = 8(m); r5 = 6.32(m); r6 = 10(m); r7 = 6.32(m); r8 = 10(m)

八音度中心頻率 -Hz	63	125	250	500	1000	2000	4000	8000
音能位準 Lw-dB(A)	95	98	104	108	98	92	88	80
δ_1	15.58947555	15.58947555	15.58947555	15.58947555	15.58947555	15.58947555	15.58947555	15.58947555
δ_2	6.32455532	6.32455532	6.32455532	6.32455532	6.32455532	6.32455532	6.32455532	6.32455532
δ_3	6.32455532	6.32455532	6.32455532	6.32455532	6.32455532	6.32455532	6.32455532	6.32455532
λ	5.444444444	2.744	1.372	0.686	0.343	0.1715	0.08575	0.042875
N_1	5.726746122	11.36259151	22.72518302	45.45036605	90.90073209	181.8014642	363.6029284	727.2058567
N_2	2.323306036	4.609734198	9.219468397	18.43893679	36.87787359	73.75574718	147.5114944	295.0229887
N_3	2.323306036	4.609734198	9.219468397	18.43893679	36.87787359	73.75574718	147.5114944	295.0229887
D	0.092832377	0.049309826	0.025352647	0.012858739	0.006476026	0.003249813	0.001627873	0.000814681
隔音牆的八音頻聲音插入損失值 SIL = -10lo(D)	10.3230053	13.07066527	15.95976685	18.90801619	21.886914	24.88141684	27.88379399	30.89012646
r	10	10	10	10	10	10	10	10
Lpo = Lw-20log(r)-11	52.40432807	55.40432807	61.40432807	65.40432807	55.40432807	49.40432807	45.40432807	37.40432807
Lp2 = Lpo-SIL	42.08132276	42.3336628	45.44456122	46.49631187	33.51741407	24.52291123	17.52053408	6.514201612

Lpo(total) = 67.7dB(A)

Lp2(total) = 50.6dB(A)

【範例 10-3】有一音源 S，其附近有一敏感受音點 P，今以一半無限長直的磚造隔音牆做聲音遮蔽（如下圖），已知 A、B 及 d 分別為 3m、4m 與 2.5m，試求隔音牆在 500Hz 處的聲音遮蔽值為若干？（溫度 = 20℃）

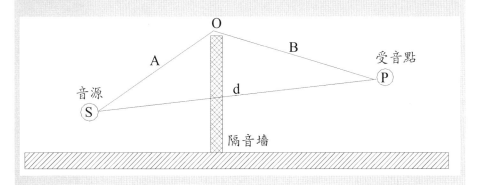

[解]

$$\delta = A + B - d = 3 + 4 - 2.5 = 4.5$$

$$c\,(音速) = 331 + 0.6t = 331 + 0.6*20 = 343\ (m/s)$$

$$\lambda = c/f = 343/500 = 0.686\ (m)$$

$$N = \frac{2}{\lambda}\delta = \frac{2}{0.686}\,4.5 = 13.12$$

對照圖 10.10，得

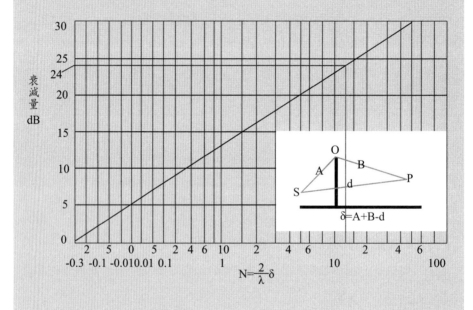

500Hz 處的聲音遮蔽值為 24 dB

10.2 隔音罩 [19]

10.2.1 隔音罩音減值（NR for Acoustic Hood）

　　一全密閉式隔音罩（Fully Enclosure），內部的音源發出 W1 瓦特的音功率（參閱圖 10.11），經隔音罩本體後，由殼體發出的音功率值變為 W2

瓦特。

在隔音罩內外側圈定二音波之傳遞區，此二區的體積 V1、V2 相等，即

$$V = V1 = V2 \tag{10.31}$$

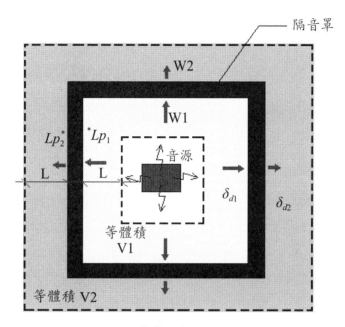

圖 10.11　全密閉式隔音罩平面圖

設音波在第一區傳遞至罩殼體邊界的時間為 t1，在第二區由罩殼體邊界傳遞至外邊界的時間為 t2，此二區的直傳聲音能量密度 δ_{d1}、δ_{d2} 為

$$\delta_{d1} = \frac{W_1 t_1}{V_1} = \frac{W_1 \cdot \dfrac{L}{c}}{V_1} = \frac{W_1 \cdot L}{V \cdot c} \tag{10.32}$$

$$\delta_{d2} = \frac{W_2 t_2}{V_2} = \frac{W_2 \cdot \dfrac{L}{c}}{V_2} = \frac{W_2 \cdot L}{V \cdot c} \tag{10.33}$$

隔音罩本體的聲音穿透率可表示如下：

$$\tau = \frac{W_2}{W_1} \tag{10.34}$$

結合公式（10.32）～（10.33），直傳聲音能量密度 δ_{d1}、δ_{d2} 的關係為

$$\delta_{d2} = \tau \cdot \delta_{d1} \tag{10.35}$$

依聲音能量密度的定義：

$$\delta = \frac{p^2}{\rho_o c^2} \tag{10.36a}$$

$$或 \quad p^2 = \rho_o c^2 \delta \tag{10.36b}$$

緊鄰隔音罩本體的內、外側二點之音壓為

$$p_1^2 = \rho_o c^2 \delta_1 \tag{10.37}$$

$$p_2^2 = \rho_o c^2 \delta_2 = \rho_o c^2 \tau \delta_1 \tag{10.38}$$

依音壓位準的定義：

$$Lp = 10 \log \left(\frac{p}{p_{re}} \right)^2 \tag{10.39}$$

內、外側二點之音壓位準為

$$Lp_1 = 10 \log \left(\frac{\rho_o c^2 \delta_1}{p_{re}^2} \right) \tag{10.40}$$

$$Lp_2 = 10 \log \left(\frac{\rho_o c^2 \tau \delta_1}{p_{re}^2} \right) \tag{10.41}$$

依音減值（Noise Reduction）的定義：

$$
\begin{aligned}
NR &= Lp_1 - Lp_2 \\
&= 10 \log \left(\frac{\rho_o c^2 \delta_1}{p_{re}^2} \right) - 10 \log \left(\frac{\rho_o c^2 \tau \delta_1}{p_{re}^2} \right) \\
&= 10 \log \left(\frac{1}{\tau} \right) \\
&= TL \tag{10.42}
\end{aligned}
$$

10.2.2 隔音罩聲音插入損失值（SIL for Acoustic Hood）

依隔音罩的聲音插入損失（Sound Insertion Loss）定義，加置隔音罩於音源體前、後，在某特定點（隔音罩外）處所產生的音壓位準差值即是 SIL 值，圖 10.12 與圖 10.13 為加置隔音罩於音源體前、後的平面位置。

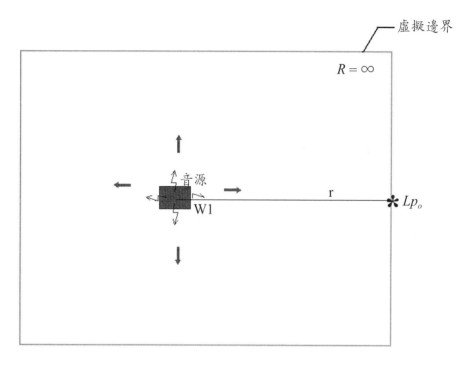

圖 10.12　加置隔音罩於音源體前的平面位置

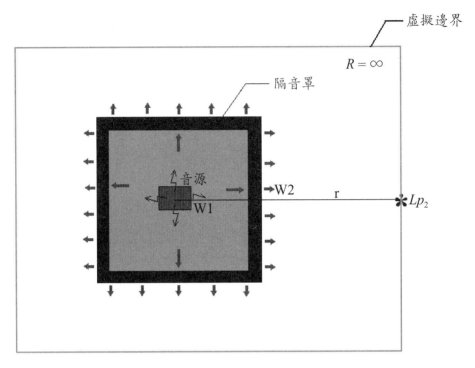

圖 10.13 加置隔音罩於音源體後的平面位置

加置隔音罩於音源體前、後的特定點音壓位準 Lpo 及 Lp2 為

$$Lp_o = Lw_1 + 10 \log \left(\frac{Q}{4\pi r^2} + \frac{4}{R} \right)$$

$$= Lw_1 + 10 \log \left(\frac{Q}{4\pi r^2} \right) \tag{10.43}$$

$$Lp_2 = Lw_2 + 10 \log \left(\frac{Q}{4\pi r^2} + \frac{4}{R} \right)$$

$$= Lw_2 + 10 \log \left(\frac{Q}{4\pi r^2} \right) \tag{10.44}$$

其中，$R = \infty$

依隔音罩的聲音插入損失（Sound Insertion Loss）定義：

$$SIL = Lp_o - Lp_2$$

$$= 10 \log\left(\frac{W_o}{W_{re}}\right) - 10 \log\left(\frac{W_2}{W_{re}}\right) \tag{10.45}$$

回顧第八章之公式 (8.14)，二隔音室之間（參閱圖 10.14）的音能 W_1 及 W_2 關係為

$$W_2 = \frac{W_\alpha \, S_w \, \alpha_w}{S_1 \overline{\alpha}_1} = \frac{W_1 \, S_w \, \alpha_w \, \tau}{R_1} \tag{10.46}$$

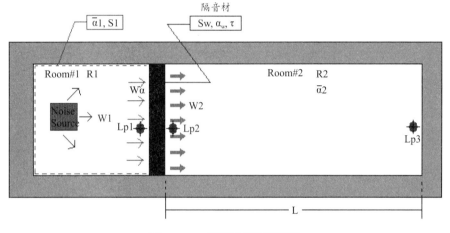

圖 10.14　二隔音室平面圖

類比上式，隔音罩內外的音能表示如下：

$$W_2 = W_1 \frac{S_e \, \alpha_e \, \tau}{S_1 \overline{\alpha}} \tag{10.47}$$

其中，S：隔音罩系統（包括頂板、底板及四面牆板）的總面積

　　　Se：隔音罩材（包括頂板及四面牆板）的面積

　　　$\overline{\alpha}$：整體隔音罩系統（包括頂板、底板及四面牆板）的平均吸音率

　　　α_e：隔音罩材（包括頂板及四面牆板）平均吸音率

假設

$$S \approx S_e \cdot \alpha_e = 1 \tag{10.48}$$

則公式（10.47）簡化為

$$W_2 = W_1 \frac{\tau}{\alpha} \tag{10.49}$$

帶入公式（10.45）

$$SIL = Lp_o - Lp_2$$

$$= 10 \log\left(\frac{W_o}{W_{re}}\right) - 10 \log\left[\left(\frac{\bar{\tau}}{\alpha}\right) \cdot \frac{W_o}{W_{re}}\right]$$

$$= 10 \log\left(\frac{\bar{\alpha}}{\tau}\right) \tag{10.50}$$

其中，$\bar{\tau} \le \bar{\alpha} \le 1$

【範例 10-4】有一隔音罩設計成在 500Hz 處的聲音插入損失值為 45dB，已知此隔音罩材的聲音穿透係數在 500Hz 處為 0.000015，請決定隔音罩材內部在 500Hz 處的平均吸音率值應為若干？

[解]

SIL = 45dB

$\tau = 0.000015$

SIL = Lpo − Lp2 = 10log($\bar{\alpha}/\tau$)

$\Rightarrow \bar{\alpha} = \tau * 10^{[(Lpo-Lp2)/10]} = \tau * [10^{(SIL/10)}] = 0.000015 * 10^{4.5} = 0.474$

【範例 10-5】一隔音罩大小為 L6(m)*W8(m)*H5(m)，已知隔音罩內襯頂板、底板及四周壁板材在 1000Hz 處的的吸音率分別為 0.4、0.1 及 0.7，且已知隔音罩在 1000Hz 處的聲音插入損失值為 36dB，求此隔音罩材在此頻率下的聲音穿透損失值為若干？

[解]

$$\overline{\alpha} = (S1*\alpha1 + S2*\alpha2 + S3*\alpha3)/(S1 + S2 + S3)$$

$$= [6*8*0.4 + 2*(6*5 + 8*5)*0.7 + 6*8*0.1]/$$

$$[6*8 + 2*(6*5 + 8*5) + 6*8]$$

$$= 0.517$$

$$SIL = 36 \text{ (dB)}$$

$$SIL = Lpo - Lp2 = 10\log(\overline{\alpha}/\tau)$$

$$\Rightarrow \tau = \overline{\alpha}*10^{-[(Lpo-Lp2)/10]} = \overline{\alpha}*[10^{-(SIL/10)}] = 0.517*10^{-3.6} = 0.000129854$$

$$STL = 10\log(1/\tau) = 38.87 \text{ (dB)}$$

練習 10

1. 有一密閉廠房，廠房內有一壓縮機音源（高 2m），其音能位準如下：

八音度中心頻率 -Hz	63	125	250	500	1000	2000	4000	8000
音能位準 Lw-dB(A)	95	100	96	92	88	82	80	72

廠房的室形常數如下：

八音度中心頻率 -Hz	63	125	250	500	1000	2000	4000	8000
室形常數 R-m^2	10000	14000	22000	32000	42000	45000	52000	60000

距離壓縮機正前方 12 公尺處為人員休息區（高 2m），為降低壓縮機對該區的影響，在中央（距離壓縮機 2m，人員休息區 10m）處，設置一寬 16m、高 8m 的隔音牆，試預估該隔音牆的聲音插入損失值為若干 dB？（室內溫度攝氏 20℃）

2. 有一魯式鼓風機音源（高 2m），其音能位準如下：

八音度中心頻率 -Hz	63	125	250	500	1000	2000	4000	8000
音能位準 Lw- dB(A)	90	95	102	106	104	98	92	88

距離鼓風機正前方 6 公尺處為人員活動區（高 1m），為降低鼓風機對該區的影響，在中央（距離鼓風機 1m，人員休息區 4m）處，設置一寬 10m、高 4m 的隔音牆，試預估該隔音牆的八音頻聲音插入損失值為若干 dB？人員休息區的音量為何？（戶外溫度攝氏 15℃）

3. 有一音源 S，其附近有一敏感受音點 P，今以一長直的磚造隔音牆做聲音遮蔽（如下圖），已知 A、B 及 d 分別為 4m、5m 與 3m，試求隔音牆在 1000Hz 處的聲音遮蔽值為若干？（溫度 = 25℃）

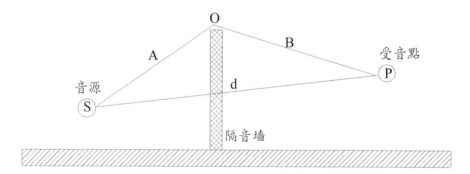

4. 有一隔音罩設計成在 250Hz 處的聲音插入損失值為 36dB，已知此隔音罩材的聲音穿透係數在 250Hz 處為 0.000006，請決定隔音罩材內部在 250Hz 處的平均吸音率值應為若干？

5. 一隔音罩大小為 L10(m)×W8(m)×H7(m)，已知隔音罩內襯頂板、底板及四周壁板材在 1000Hz 處的吸音率分別為 0.65、0.05 及 0.85，且已知隔音罩在 1000Hz 處的聲音插入損失值為 30dB，求此隔音罩材在此頻率下的聲音穿透損失值為若干？

第十一章 消音器

依據消音器的減音特性，主要區分爲 (1) 反射式消音器（Reactive silencer）；(2) 吸收式消音器（Dissipative silencer）；(3) 共鳴式消音器（Resonant silencer）三種，其中，反射式消音器對中、低頻的減音良好，吸收式消音器適用於中、高頻的減音，共鳴式消音器則可針對特殊單頻音進行減音，典型的工業用之反射式消音器如下圖 11.1，一般泛用的吸收式消音器如圖 11.2，相關三種消音器之說明如下。

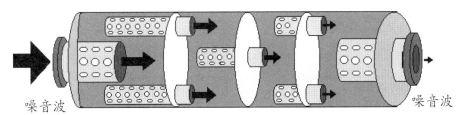

噪音波　　　　　　　　　　　　　　　　　　　　　　噪音波

圖 11.1　典型的工業用之反射式消音器

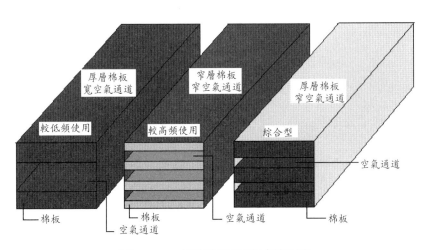

圖 11.2　一般泛用的吸收式消音器

11.1 反射式消音器 [23]

反射式消音器是利用聲波反射所產生的反向波進行減音，反射式消音器的類型繁多，包括簡單膨脹式消音器、內延伸管式消音器、邊進排氣式消音器、多腔式消音器等，相關消音器的構造及減音功能敘述如下：

11.1.1 簡單膨脹式消音器

簡單膨脹式消音器的音響流場示意如圖 11.3，係由 7 個點代表整體消音器的流場之音響性質，PT1 ～ PT2、PT3 ～ PT4 與 PT5 ～ PT6 為直管音場，PT2 ～ PT3 為膨脹管音場，PT4 ～ PT5 為收縮管音場，每個點之間的音響參數 P（音壓）及 u（聲音粒子速度）關係，可由四埠傳輸矩陣（Four-pole transfer matrix）表示為

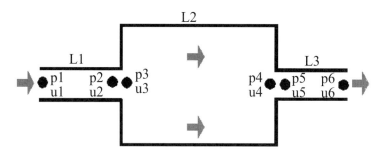

圖 11.3　簡單膨脹式消音器的音響流場

$$\begin{pmatrix} p_1 \\ \rho_o c_o u_1 \end{pmatrix} = e^{-jM_1 kL_1/(1-M_1^2)} \begin{bmatrix} b_{11} & b_{12} \\ b_{21} & b_{22} \end{bmatrix} \begin{pmatrix} p_2 \\ \rho_o c_o u_2 \end{pmatrix} \tag{11.1}$$

$$\begin{pmatrix} p_2 \\ \rho_o c_o u_2 \end{pmatrix} = \begin{bmatrix} 1 & 0 \\ 0 & \dfrac{S_2}{S_1} \end{bmatrix} \begin{pmatrix} p_3 \\ \rho_o c_o u_3 \end{pmatrix} \tag{11.2}$$

$$\begin{pmatrix} p_3 \\ \rho_o c_o u_3 \end{pmatrix} = e^{-jM_2 kL_2/(1-M_2^2)} \begin{bmatrix} c_{11} & c_{12} \\ c_{21} & c_{22} \end{bmatrix} \begin{pmatrix} p_4 \\ \rho_o c_o u_4 \end{pmatrix} \tag{11.3}$$

$$\begin{pmatrix} p_4 \\ \rho_o c_o u_4 \end{pmatrix} = \begin{bmatrix} 1 & 0 \\ 0 & \dfrac{S_3}{S_2} \end{bmatrix} \begin{pmatrix} p_5 \\ \rho_o c_o u_5 \end{pmatrix} \tag{11.4}$$

$$\begin{pmatrix} p_5 \\ \rho_o c_o u_5 \end{pmatrix} = e^{-jM_3 kL_3/(1-M_3^2)} \begin{bmatrix} d_{11} & d_{12} \\ d_{21} & d_{22} \end{bmatrix} \begin{pmatrix} p_6 \\ \rho_o c_o u_6 \end{pmatrix} \tag{11.5}$$

$$b_{11} = \cos\left(\frac{kL_1}{1-M_1^2}\right); \; b_{12} = j\sin\left(\frac{kL_1}{1-M_1^2}\right); \; b_{21} = j\sin\left(\frac{kL_1}{1-M_1^2}\right); \; b_{22} = \cos\left(\frac{kL_1}{1-M_1^2}\right) \tag{11.6}$$

$$c_{11} = \cos\left(\frac{kL_2}{1-M_2^2}\right); \; c_{12} = j\sin\left(\frac{kL_2}{1-M_2^2}\right); \; c_{21} = j\sin\left(\frac{kL_2}{1-M_2^2}\right); \; c_{22} = \cos\left(\frac{kL_2}{1-M_2^2}\right) \tag{11.7}$$

$$d_{11} = \cos\left(\frac{kL_3}{1-M_3^2}\right); \; d_{12} = j\sin\left(\frac{kL_3}{1-M_3^2}\right); \; d_{21} = j\sin\left(\frac{kL_3}{1-M_3^2}\right); \; d_{22} = \cos\left(\frac{kL_3}{1-M_3^2}\right) \tag{11.8}$$

其中，M_1、L_1 與 S_1 為 PT1 ～ PT2 段的馬赫數、管長及截面積，M_2、L_2 與 S_2 為 PT3 ～ PT4 段的馬赫數、管長及截面積，M_3、L_3 與 S_3 為 PT5 ～ PT6 段的馬赫數、管長及截面積。

結合公式（11.1）～（11.8），消音器的系統傳輸矩陣為

$$\begin{pmatrix} P_1 \\ \rho_o c_o U_1 \end{pmatrix} = e^{-jk\left(\frac{M_1 L_1}{1-M_1^2} + \frac{M_2 L_2}{1-M_2^2} + \frac{M_3 L_3}{1-M_3^2}\right)} \begin{bmatrix} \cos\left(\dfrac{kL_1}{1-M_1^2}\right) & j\sin\left(\dfrac{kL_1}{1-M_1^2}\right) \\ j\sin\left(\dfrac{kL_1}{1-M_1^2}\right) & \cos\left(\dfrac{kL_1}{1-M_1^2}\right) \end{bmatrix} \begin{bmatrix} 1 & 0 \\ 0 & \dfrac{S_2}{S_1} \end{bmatrix}$$

$$\begin{bmatrix} \cos\left(\dfrac{kL_2}{1-M_2^2}\right) & j\sin\left(\dfrac{kL_2}{1-M_2^2}\right) \\ j\sin\left(\dfrac{kL_2}{1-M_2^2}\right) & \cos\left(\dfrac{kL_2}{1-M_2^2}\right) \end{bmatrix} \begin{bmatrix} 1 & 0 \\ 0 & \dfrac{S_3}{S_2} \end{bmatrix} \begin{bmatrix} \cos\left(\dfrac{kL_3}{1-M_3^2}\right) & j\sin\left(\dfrac{kL_3}{1-M_3^2}\right) \\ j\sin\left(\dfrac{kL_3}{1-M_3^2}\right) & \cos\left(\dfrac{kL_2}{1-M_3^2}\right) \end{bmatrix}$$

$$\begin{bmatrix} 1 & 0 \\ 0 & \dfrac{S_4}{S_3} \end{bmatrix} \begin{pmatrix} P_6 \\ \rho_o c_o U_6 \end{pmatrix} \tag{11.9}$$

或

$$\begin{pmatrix} P_1 \\ \rho_o c_o U_1 \end{pmatrix} = \begin{bmatrix} T11 & T12 \\ T21 & T22 \end{bmatrix} \begin{pmatrix} P_6 \\ \rho_o c_o U_6 \end{pmatrix} \tag{11.10}$$

消音器的系統聲音穿透損失值 STL（sound transmission loss）傳輸矩陣可導得

$$STL(f, Q, L_1; L_2, L_3, D_1, D_o, D_2) \tag{11.11}$$

$$= 20 \log \left(\frac{|T11^* + T12^* + T21^* + T22^*|}{2} \right) + 10 \log \left(\frac{S_1}{S_2} \right)$$

圖 11.4 為簡單膨脹式消音器的理論及實驗值之比較。

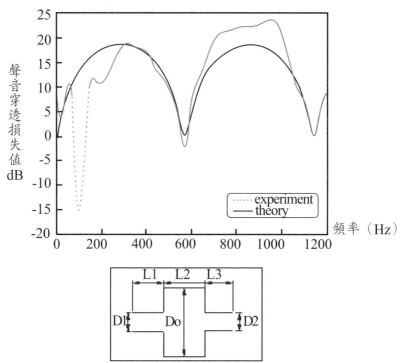

圖 11.4 簡單膨脹式消音器的聲音穿透損失值

$[D_1 = D_2 = 0.0365(m), Do = 0.15(m), L_1 = L_3 = 0.1(m), L_2 = 0.3(m) \text{ at } Vo = 0]$

11.1.2 簡單內延伸管膨脹式消音器

下圖 11.5 及 11.6 分別為單腔內延伸管式消音器之立體剖面及音響流場，利用流場的質量守恆律、動量守恆律及能量守恆律，最後可推得消音器系統的四埠傳輸矩陣（Four-pole transfer matrix），並可求得消音器的聲音穿透損失值；圖 11.7 為消音器的四埠傳輸理論值與實驗之驗證，圖 11.8 為四埠傳輸理論值與邊界元素法（sysnoise）之解的比較。

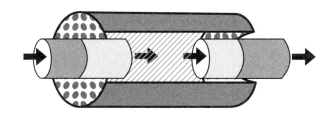

圖 11.5　單腔內延伸管式消音器之立體剖面示意

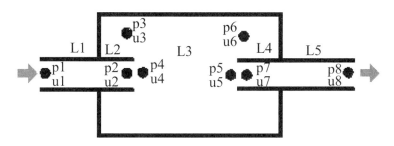

圖 11.6　單腔內延伸管式消音器之流場各點之位置與對應之流體參數

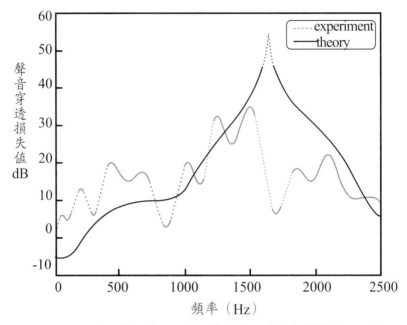

圖 11.7　單腔內延伸管消音器的四埠傳輸理論值與實驗結果比較

$[D_1 = D_2 = 0.0365\text{(m)}; Do = 0.108\text{(m)}; L_1 = L_5 = 0.1\text{(m)};$

$L_2 = L_4 = 0.052\text{(m)}; L_3 = 0.104\text{(m)} \text{ at Vo} = 3.4\text{m/sec}]$

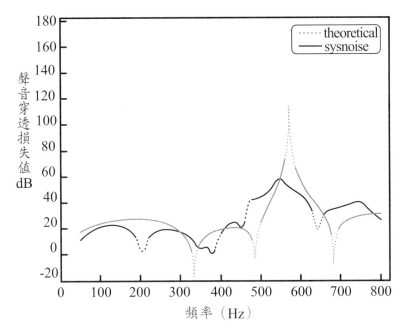

圖 11.8 單腔內延伸管消音器的四埠傳輸理論值與邊界元素法之比較（at Vo = 0）

11.1.3 簡單邊進排氣式消音器

　　下圖 11.9 為簡單邊進排氣式消音器之音響流場，利用流場的質量守恆律、動量守恆律及能量守恆律，並應用滯留焓關係，最後求得消音器系統的四埠傳輸矩陣（Four-pole transfer matrix），並可求得消音器的聲音穿透損失值，圖 11.10 為消音器的四埠傳輸理論值、邊界元素法及實驗之驗證。

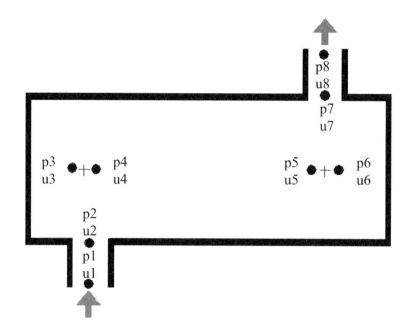

圖 11.9　消音器＋的音響流場

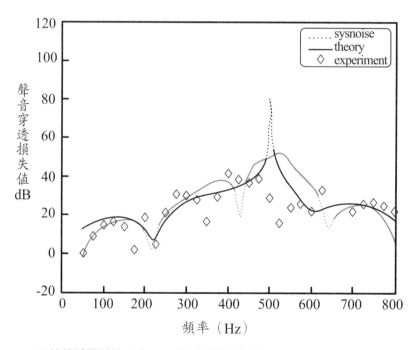

圖 11.10　四埠傳輸理論值、邊界元素法的模擬值與實驗值之頻譜比較（at Vo＝0）[24]

11.1.4 其他多腔反射式消音器

　　以上述四埠傳輸矩陣方式，可推導其他多腔反射式消音器的系統理論減音量，圖 11.11 為雙腔內隔板式消音器的聲音穿透損失之性能，圖 11.12 則為雙腔內隔板暨內延伸管式消音器的聲音穿透損失之性能。

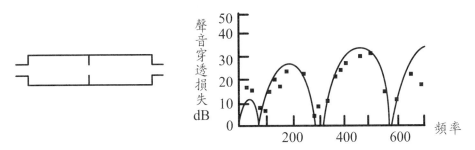

圖 11.11　雙腔內隔板式消音器的四埠傳輸理論值與實驗結果比較（at Vo = 0）[2]

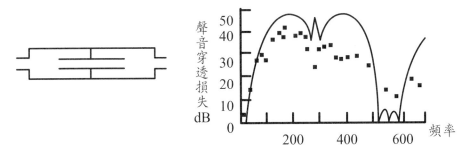

圖 11.12　雙腔內隔板暨內延伸管式消音器的四埠傳輸理論值與實驗結果比較
　　　　　（at Vo = 0）[2]

11.2 吸收式消音器

　　吸收式消音器是利用吸音材與聲波的阻抗，使音波入射至吸音材內部，再將音波磨耗並轉換為熱能以減音，吸收式消音器依內部吸音片的結構，主要有柵型吸收式消音器（圖 11.13）及圓柱型吸收式消音器（圖

11.14）二種，相關消音器的構造及減音功能敘述如下：

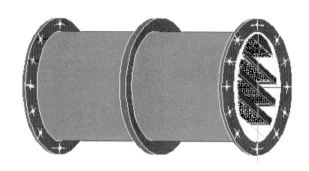

圖 11.13　柵型吸收式消音器構造

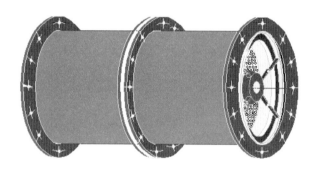

圖 11.14　圓柱型吸收式消音器構造

11.2.1 柵型吸收式消音器

　　柵型吸收式消音器的減音性能與內部吸音片表面的流阻抗、吸音片厚度及空氣通道之大小有關，此外，內部流體流動速度亦會影響消音器的性能，圖 11.15 及圖 11.16 分別為內部無流動及以馬赫數 -0.1（負值表音傳播方向與流體流動方向相反）下，Bie [20] 的柵型吸收式消音器的聲音穿透損失之經驗值。

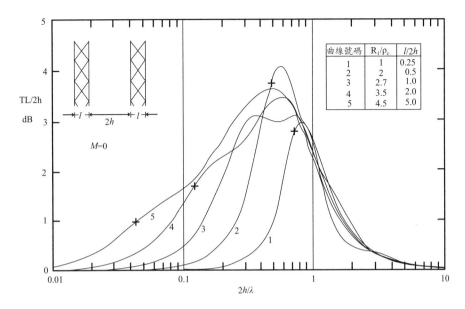

圖 11.15　柵型吸收式消音器的減音性能（M＝0）[20]

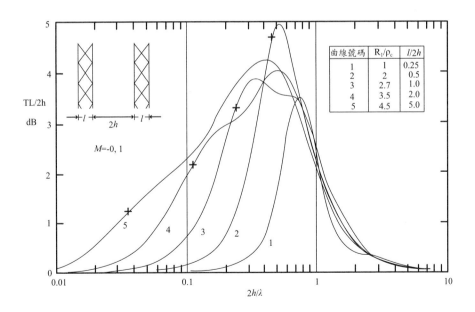

圖 11.16　柵型吸收式消音器的減音性能（M＝-0.1）[20]

11.2.2 圓柱型吸收式消音器

　　同理，圓柱型吸收式消音器的減音性能亦與內部吸音片表面的流阻抗、吸音片厚度及空氣通道之大小有關，此外，內部流體流動速度亦會影響消音器的性能，圖 11.17 及圖 11.18 分別為內部無流動及以馬赫數 0.25 下，Bie [20] 的圓柱型吸收式消音器的聲音穿透損失之經驗值。

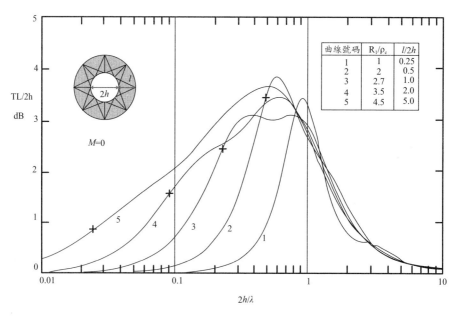

圖 11.17　圓柱型吸收式消音器的減音性能（M = 0）[20]

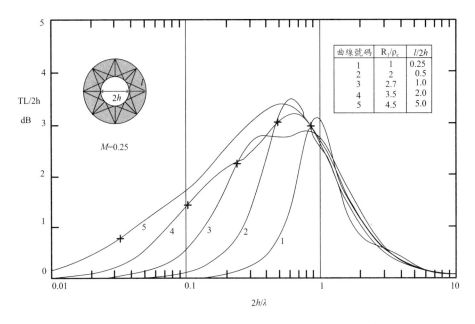

圖 11.18　圓柱型吸收式消音器的減音性能（M = 0.25）[20]

11.3 共鳴型消音器 [2]

　　共鳴型消音器（如圖 11.19）係利用 helmholtz 共鳴腔的共鳴原理，將特定頻率的音波能量往覆磨耗於共鳴頸上，特定音頻 f 下的聲音穿透損失值為

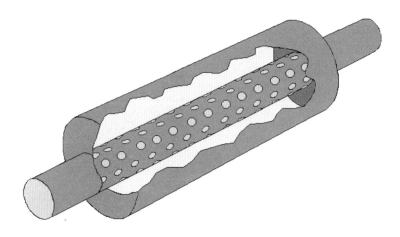

圖 11.19 共鳴型消音器三維構造

$$STL = 10 \log \left[1 + \left(\frac{2\sqrt{CV}}{\pi D^2} \left[\frac{f}{fr} - \frac{fr}{f} \right]^{-1} \right)^2 \right] \tag{11.12}$$

$$C = \frac{nS}{t + 0.8\sqrt{S}} \tag{11.13}$$

$$fr = \frac{c}{2\pi} \sqrt{\frac{C}{V}} \tag{11.14}$$

其中，C 為共鳴孔的聲音傳導率，V 為共鳴孔板下的體積，c 為聲音速度，
n 為共鳴孔數，S 為共鳴孔的截面積，t 為共鳴孔板的厚度，D 為共鳴孔的
直徑，*fr* 為共鳴型消音器的共鳴頻率。圖 11.20 為共鳴型消音器的減音性
能論值與實驗結果之比較。

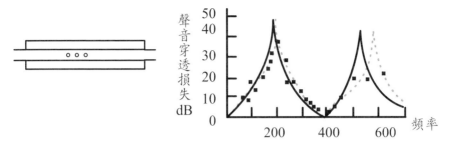

圖 11.20　共鳴型消音器的四埠傳輸理論值與實驗結果比較（at Vo＝0）[2]

【**範例** 11-1】已知共鳴型消音器，內部的設計參數為

V＝0.1(m³)，S＝7.85×10⁻⁵(m²)，t＝0.002(m)，D＝0.01(m)，n＝80

在大氣溫度為 30℃下，求 (1) 此共鳴型消音器的共鳴頻率 fr 為若干？

(2) 在頻率 f＝100Hz 處的減音量為若干？

[**解**]

(1) c＝331+0.6×T＝349(m/s)

$$C = \frac{nS}{t + 0.8\sqrt{S}}$$

　　＝(80×7.85×10⁻⁵)/[0.002＋0.8×sqrt(7.85×10⁻⁵)]

　　＝0.691

$$fr = \frac{c}{2\pi}\sqrt{\frac{C}{V}}$$

　　＝(349/2π)[sqrt(0.691/0.1)]

　　＝146(Hz)

(2) $STL = 10\log\left[1 + \left(\frac{2\sqrt{CV}}{\pi D^2}\left[\frac{f}{fr} - \frac{fr}{f}\right]^{-1}\right)^2\right]$

　　　　＝66.7 (dB)

若共鳴型消音器內填塞吸音材，則整體減音性能之頻譜將趨緩，圖 11.21 為填塞吸音材於共鳴型消音器前後的減音性能比較。

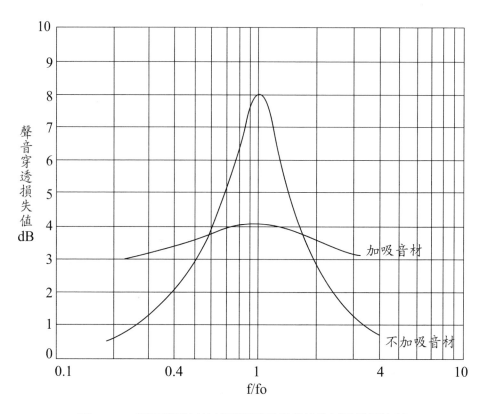

圖 11.21　填塞吸音材於共鳴型消音器前後的減音性能比較

練習 11

1. 已知長 2m 的共鳴型消音器，內部的設計參數為

　V = 0.3(m³)，S = 3.14*10⁻⁴(m²)，t = 0.003(m)，D = 0.02(m)，n = 100

　在大氣溫度為 20℃下，求 (1) 此共鳴型消音器的共鳴頻率 fr 為若干？

　　　　　　　　　　　　　　(2) 在頻率 f = 250Hz 處的減音量為若干？

第十二章　全廠噪音控制

12.1 音量分佈

12.1.1 單一音源與單一受音點

　　針對戶外點音源（Lw），此音源遠離地面（Q = 1），若僅考慮距離衰減及空氣吸音效應，則針對特定頻率 f，在距離音源 r 公尺的受音點處，其音量（Lp）之公式如下：

$$Lp(at\_r) = Lw - 20 \log(r) - 11 - \Psi(r, f, \phi) \tag{12.1}$$

$$\Psi(r, \phi, f) = 7.4 \left(\frac{r \cdot f^2}{\phi} \right) \times 10^{-8} \tag{12.2}$$

　　其中，Ψ(dB) 為空氣吸音效應，Φ(%) 為空氣濕度。

12.1.2 多音源與單一受音點

　　若有 m 個設備（如圖 12.1），在特定受音點 Rvi 處的音量可表示如下：

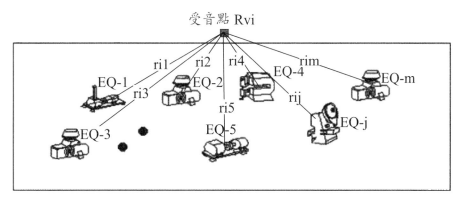

受音點 Rvi

ri1　ri2　ri4　rim
EQ-1　　　　EQ-4　　　EQ-m
ri3　　EQ-2
　　　　　　　rij
EQ-3　　　ri5　　　　EQ-j
　　　EQ-5

圖 12.1　m 個設備與單一受音點位置圖

$$Lp_i = 10 \log \left\{ \sum_{j=1}^{m} 10^{Lp_{ij}/10} \right\} \tag{12.3}$$

$$Lp_{ij} = Lw_j - \Psi_j (r_{ij}, \phi, f) - 20 \log \{r_{ij}\} - 11 \tag{12.4}$$

$$\Psi_j(r_{ij}, \phi, f) = 7.4 \left(\frac{r_{ij} f^2}{\phi} \right) \times 10^{-8} \tag{12.5}$$

其中，$\Psi_j(dB)$ 爲受音點 Rvi 與第 j 個音源設備間的空氣吸音效應，Lwj 爲第 j 個音源設備的音能位準，rij 爲受音點 Rvi 與第 j 個音源間的距離。

12.1.3 多音源與多受音點

同理，欲計算多點受音點時，可重複應用公式（12.3）～（12.5），舉例，有一工廠具有四個音源（如圖12.2），在廠周界佈八個點（Pt1～Pt8），各點的音壓位準計算爲

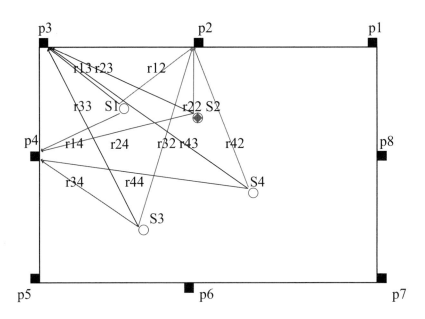

圖 12.2　音源位置圖

音源 S1 ～ S4 傳至受音點 p_1 的音壓位準：

$Lp(11) = Lw(s1) - 20\log(r11) - 11 - \psi(r11, \phi, f)$ ；

$Lp(21) = Lw(s2) - 20\log(r21) - 11 - \psi(r21, \phi, f)$ ；

$Lp(31) = Lw(s3) - 20\log(r31) - 11 - \psi(r31, \phi, f)$ ；

$Lp(41) = Lw(s4) - 20\log(r41) - 11 - \psi(r41, \phi, f)$ ；

音源 S1 ～ S4 傳至受音點 p_2 的音壓位準：

$Lp(12) = Lw(s1) - 20\log(r12) - 11 - \Psi(r12, \Phi, f)$ ；

$Lp(22) = Lw(s2) - 20\log(r22) - 11 - \Psi(r22, \Phi, f)$ ；

$Lp(32) = Lw(s3) - 20\log(r32) - 11 - \Psi(r32, \Phi, f)$ ；

$Lp(42) = Lw(s4) - 20\log(r42) - 11 - \Psi(r42, \Phi, f)$

....

音源 S1 ～ S4 傳至受音點 p_8 的音壓位準：

$Lp(18) = Lw(s1) - 20\log(r18) - 11 - \Psi(r18, \Phi, f)$ ；

$Lp(28) = Lw(s2) - 20\log(r28) - 11 - \Psi(r28, \Phi, f)$ ；

$Lp(38) = Lw(s3) - 20\log(r38) - 11 - \Psi(r38, \Phi, f)$ ；

$Lp(48) = Lw(s1) - 20\log(r48) - 11 - \Psi(r48, \Phi, f)$ ；

各個受音點的總音壓位準為

$$Lp(T1) = 10\log \sum_{i=1}^{4} 10^{Lp(i1)/10} \; ;$$

$$Lp(T2) = 10\log \sum_{i=1}^{4} 10^{Lp(i2)/10} \; ;$$

...

$$Lp(T8) = 10\log \sum_{i=1}^{4} 10^{Lp(i8)/10}$$

其中，Lp(T1)：受音點 P1 的總音壓位準；

Lp(T2)：受音點 P2 的總音壓位準；

...... ；

Lp(T8)：受音點 P8 的總音壓位準；

【範例 12-1】一個開放空間的製造工廠內有 4 部轉動設備 SA、SB、SC 及 SD，設備的中心（噪音源）座標分別為 (5, 6, 1)、(10, 9, 1)、(15, 10, 1) 及 (7, 2, 1)，且 4 部轉動設備的綜合音能分別為 105dB(A)、98dB(A)、85dB(A) 及 92dB(A)，在不遠處的地方有二處住家 K1 及 K2，其二處住家的窗口座標分別為 (25, 20, 1.5)、(-10, -9, 1.5)，假設此轉動設備為點音源型式的擴散，若不考慮空氣吸音，試以手算求預期轉動設備對住家的窗口處所造成的的音壓位準（Lp）值。

[解]

$$r(SA\text{-}K1) = \sqrt{(5-25)^2 + (6-20)^2 + (1-1.5)^2} = 24.4 \text{ (m)} ;$$

$$r(SA\text{-}K2) = \sqrt{(5+10)^2 + (6+9)^2 + (1-1.5)^2} = 21.2 \text{ (m)} ;$$

$$r(SB\text{-}K1) = \sqrt{(10-25)^2 + (9-20)^2 + (1-1.5)^2} = 18.6 \text{ (m)}$$

$$r(SB\text{-}K2) = \sqrt{(10+10)^2 + (9+9)^2 + (1-1.5)^2} = 26.9 \text{ (m)}$$

$$r(SC\text{-}K1) = \sqrt{(15-25)^2 + (10-20)^2 + (1-1.5)^2} = 14.1 \text{ (m)}$$

$$r(SC\text{-}K2) = \sqrt{(15+10)^2 + (10+9)^2 + (1-1.5)^2} = 31.4 \text{ (m)}$$

$$r(SD\text{-}K1) = \sqrt{(7-25)^2 + (2-20)^2 + (1-1.5)^2} = 25.4 \text{ (m)}$$

$$r(SD\text{-}K2) = \sqrt{(7+10)^2 + (2+9)^2 + (1-1.5)^2} = 20.2 \text{ (m)}$$

K1 點：

$$Lp(SA\text{-}K1) = Lw(SA) - 20\log[r(SA\text{-}K1)] - 11$$
$$= 66.2 \text{ dB(A)}$$

$$Lp(SB\text{-}K1) = Lw(SB) - 20\log[r(SB\text{-}K1)] - 11$$
$$= 61.6 \text{ dB(A)}$$

$$Lp(SC\text{-}K1) = Lw(SC) - 20\log[r(SC\text{-}K1)] - 11$$

$$= 50.9 \text{ dB(A)}$$

$$\text{Lp(SD-K1)} = \text{Lw(SD)} - 20\log[\text{r(SD-K1)}] - 11$$

$$= 52.8 \text{ dB(A)}$$

K1 點總音量：

$$\text{Lp(K1)} = 10\log\{10^{[\text{Lp(SA-K1)}]/10} + {}^{\text{Lp(SB-K1)}]/10} + 10^{\text{Lp(SC-K1)}]/10} + 10^{\text{Lp(SD-K1)}]/10}\}$$

$$= 67.7 \text{ dB(A)}$$

K2 點：

$$\text{Lp(SA-K2)} = \text{Lw(SA)} - 20\log[\text{r(SA-K2)}] - 11$$

$$= 67.4 \text{ dB(A)}$$

$$\text{Lp(SB-K2)} = \text{Lw(SB)} - 20\log[\text{r(SB-K2)}] - 11$$

$$= 58.4 \text{ dB(A)}$$

$$\text{Lp(SC-K2)} = \text{Lw(SC)} - 20\log[\text{r(SC-K2)}] - 11$$

$$= 44.0 \text{ dB(A)}$$

$$\text{Lp(SD-K2)} = \text{Lw(SD)} - 20\log[\text{r(SD-K2)}] - 11$$

$$= 54.8 \text{ dB(A)}$$

K2 點總音量：

$$\text{Lp(K2)} = 10\log\{10^{[\text{Lp(SA-K2)}]/10} + {}^{\text{Lp(SB-K2)}]/10} + 10^{\text{Lp(SC-K2)}]/10} + 10^{\text{Lp(SD-K2)}]/10}\}$$

$$= 68.1 \text{ dB(A)}$$

12.1.4 等音線分佈

欲得到全區（或全廠）的詳細音量資料，就必須進行全區（或全廠）的音量分佈模擬，計算全區每個受音點的音量，再進行數值分析，建立各點間的內插函數以繪製出等位線圖（contour map）。

此音量等位線圖（簡稱等音線圖 -noise contour map）可提供設計者未來全區（或全廠）的音量分佈資訊，以進行自我音量的檢核及先期的音量

控制，此等音線圖被廣用於國內、外大型工程案中，下圖 12.3 即為北部某電子廠在初步工廠設計階段所做的等音線圖。

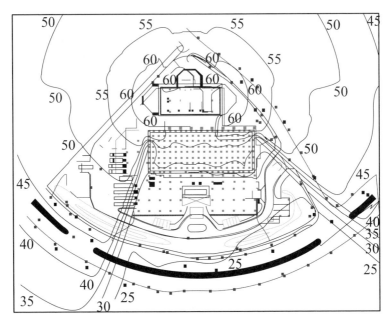

圖 12.3 北部某電子廠的全廠音量分佈

【範例 12-2】一個開放空間的製造工廠內有 4 部轉動設備 SA、SB、SC 及 SD，設備的中心（噪音源）座標分別為 (5, 6, 1)、(10, 9, 1)、(15, 10, 1) 及 (7, 2, 1)，且 4 部轉動設備的綜合音能分別為 105dB(A)、98dB(A)、85dB(A) 及 92dB(A)，在不遠處的地方有二處住家 K1 及 K2，其二處住家的窗口座標分別為 (25, 20, 1.5)、(-10, -9, 1.5)，假設此轉動設備為點音源型式的擴散，若不考慮空氣吸音，試求全廠等音線；

[解]

運用工程電腦程式（ENM）進行全廠的音量分佈模擬，結果如下

圖 12.4。

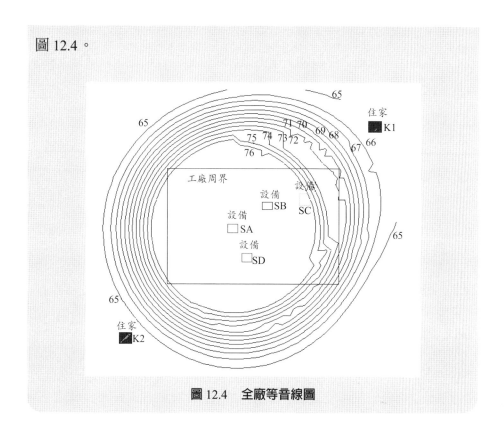

圖 12.4　全廠等音線圖

12.2 控制參數

進行全廠噪音控制的方法有 (1) 設備音量控制；(2) 設備位置調整；(3) 加裝設備防音裝置等三種，敘述如下：

12.2.1 設備音量

欲控制工廠周界的音量，初步且最重要的方法是選購低噪音型的設備，若選用的設備之音量過大，則須進行後續的減音設計，花費不貲，且會衍生其他操作、維修、工安、設備散熱及操作性能等問題。

12.2.2 設備位置

調整設備與受音點之間的距離，可適度降低受音點處的音量，故在

初步的工廠配置設計階段，就必須考慮設備位置與受音點之間的影響，此外，亦應善用音遮蔽之障礙物，使置之於設備與受音點之間以降低受音點音量，此控制方式最經濟且有效。

12.2.3 設備防音裝置

當上述二項方式仍然無法控制廠周界受音點的音量至預定目標值時，就必須加裝防音設施於設備上，一般常見的防音措施包括隔音罩、管線防音包覆、本體包覆、防音屋、消音器及局部隔音圍籬等，進行該項設備防音之設計時，必須充分考慮現場操作人員之操作、維修、工安、設備散熱及操作性能等問題。

12.2.4 設備位置及防音等級最佳化

進一步的全廠音量控制為最經濟的音量控制，必須找出每個設備的最適當位置與最適切的防音措施，可針對特定受音區域進行音量最小化的數值分析，下圖 12.5 為針對三個音源設備工廠（長與寬各為 20 公尺），以遺傳演算法所做的設備位置及防音措施最適當化後的音量分佈，可使工廠周界的音量達到最小化。

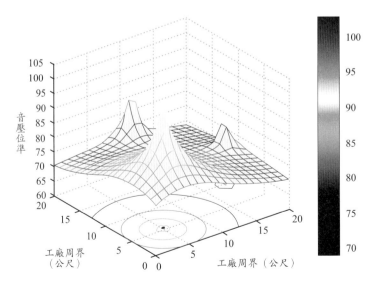

圖 12.5　三個音源設備的位置與防音措施最適化後之音壓位準（離地面 1.5m）分佈

12.3 商用音量分佈軟體

目前較常使用的全廠音量分析軟體有三種，為

- A. ENM

- ENM（圖 12.6）適用於工廠及交通噪音的模擬分析，在工廠的音量分析方面，是針對戶外的音場分析，廣用於工業界及學界，相關詳細的說明請參考附錄 D-1

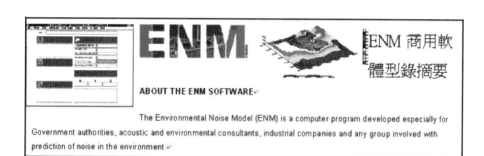

圖 12.6　ENM-A **商用軟體** [25]

- B. SoundPLAN

- SoundPlan（圖 12.7）適用於工廠及交通噪音的模擬分析，在工廠的音量分析方面，分析的項目包括有 (1) 戶外的音場分析及 (2) 密閉機器房內的音場分析，廣用於工業界及學界，為環保署明定的噪音評估軟體之一（詳見附錄 C），相關詳細的說明請參考附錄 D-2

SoundPLAN LLC↓ **Braunstein + Berndt GmbH**↓ *Software Designers + Consulting Engineers for Noise Control, Air Pollution, Environmental Protection*↵	 *designing a sound environment* ↵

SoundPLAN↵

SoundPLAN is the foremost noise mapping and evaluation software. If you own SoundPLAN you don't need another similar software because SoundPLAN maps and assesses any transportation, industry or leisure noise, and can be used for any size project, whether a small community, an agglomeration or an industrial complex. SoundPLAN even has air pollution evaluation modules. SoundPLAN is the only integrated suite of software that models interior noise levels, sound transmission through building walls and sound propagation into the environment. SoundPLAN graphics are not only stunning, but easy to use. SoundPLAN is the complete, accurate solution for environmental assessments.↵

圖 12.7　SoundPlan 商用軟體 [26]

- C. Cadna-A
- Cadna-A（圖 12.8）適用於工廠及交通噪音的模擬分析，在工廠的音量分析方面，是針對戶外的音場分析，廣用於工業界及學界，為環保署明定的噪音評估軟體之一（詳見附錄 C），相關詳細的說明請參考附錄 D-3

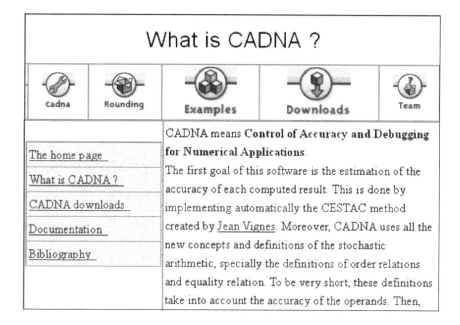

圖 12.8 Cadna-A **商用軟體** [27]

練習 12

1. 某一個開放空間的製造工廠內有 4 部轉動設備 SA、SB、SC 及 SD，
   設備的方向性因子 Q 均為 1，其中心（噪音源）座標分別為 (2, 3, 1)、
   (7, 8, 1)、(12, 6, 1) 及 (4, 12, 1)，且 4 部轉動設備的綜合音能分別為
   95dB(A)、108dB(A)、95dB(A) 及 82dB(A)，在不遠處的地方有一處住
   家 K1，住家的窗口座標為 (30, 20, 1.5)，假設此轉動設備為點音源型式
   的擴散，試以手算求預期轉動設備對住家的窗口處所造成的音壓位準
   （Lp）值。

第十三章　常見工業噪音源及改善案例

13.1 常見工業噪音源

　　一般工廠常見的噪音防治對策如表 13.1 與圖 13.1，此外，一般的空調系統及高樓防振、防音的典型防音設計圖例，如圖 13.2～圖 13.5 為，包括 (1) 冷卻水塔；(2) 箱型冷氣；(3) 空調系統；(4) 高樓層空壓機房等之防音設計。

表 13.1　常見的噪音防治對策

噪音源	改善的方法
1. ID/FD FAN（引流式／加壓式風機）	消音器＋隔音罩
2. Compressors（壓縮機）	消音器＋隔音罩.
3. Gas/Steam Vents（氣體／蒸氣緊急排放）	消音器
4. Steam Turbine Generators（蒸氣渦輪發電機）	消音器＋隔音罩
5. Pump（泵浦）	隔音罩
6. Cooling Tower（冷卻水塔）	消音器
7. Valve/Piping（閥／管線）	消音器＋管線防音包覆

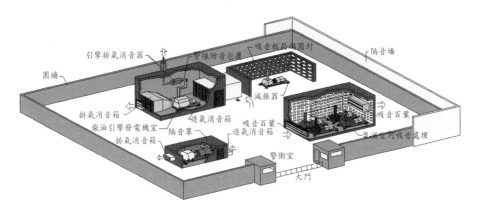

圖 13.1　工廠常見的噪音防治

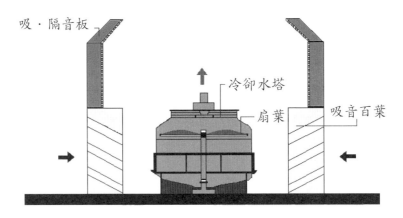

圖 13.2　冷卻水塔之防音設計

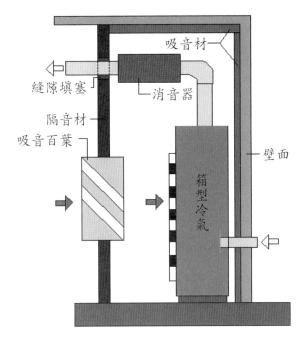

圖 13.3　箱型冷氣之防音設計

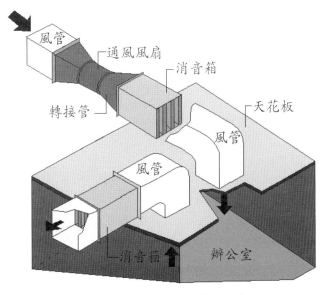

圖 13.4　空調系統之防音設計

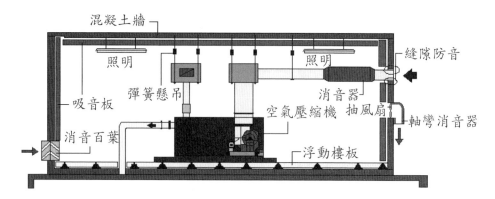

圖 13.5　高樓層空壓機房之防振、防音設計

13.2 改善案例

13.2.1 集塵風車之本體隔音罩與排氣消音器

A. 噪音源：集塵風車

B. 處理方式：

(1) 風車本體噪音：隔音罩（含通風用之進排氣消音箱）

(2) 風車排氣噪音：柵型消音箱

C. 設計目標：10 分貝

D. 設計圖說：如圖 13.6

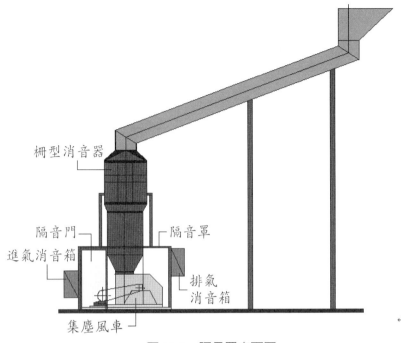

栅型消音器

隔音門　　　　　隔音罩

進氣消音箱

排氣
消音箱

集塵風車

圖 13.6　隔音罩立面圖

E. 施工：如圖 13.7～圖 13.10

圖 13.7　集塵風車之栅型消音箱組立

圖 13.8　集塵風車之柵型消音器

圖 13.9　隔音罩組立

圖 13.10　集塵風車之隔音罩（完成安裝後）柵型消音器

F. 改善成果：

　(1) 隔音罩：10 分貝

　(2) 柵型消音箱：15 分貝

13.2.2 電子廠壓縮機隔音罩

　A. 噪音源：

　　(1) 壓縮機 #1：1500hp + 3570RPM(98dB(A))

　　(2) 壓縮機 #2：1000hp + 3570RPM(93dB(A))

　B. 處理方式：

　　壓縮機本體噪音 - 隔音罩（含通風用之進排氣消音箱）

　C. 設計目標：15 分貝

　D. 設計圖說：如圖 13.11～圖 13.12

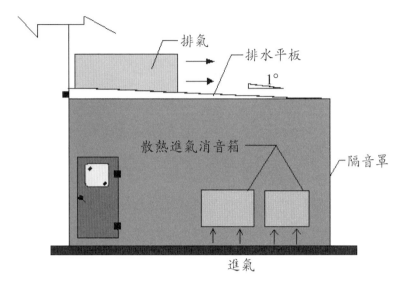

圖 13.11   壓縮機隔音罩外形圖

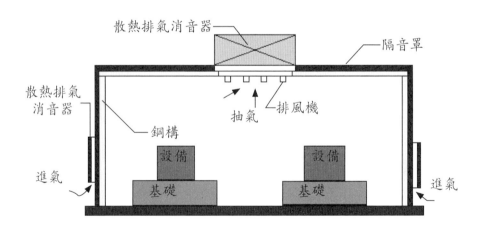

圖 13.12   壓縮機隔音罩立剖面圖

E. 施工：如圖 13.13

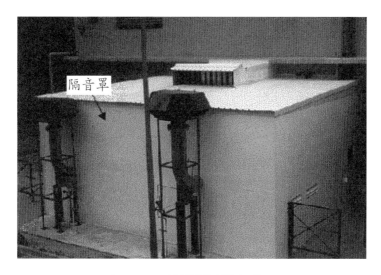

隔音罩

圖 13.13　隔音罩外觀完成圖

F. 改善成果：

隔音罩：15 分貝

13.2.3 石化廠管線防音包覆

A. 噪音源：膨脹機

B. 處理方式：

(1) 膨脹機本體噪音 - 隔音罩（含通風用之進排氣消音箱）

(2) 管線噪音 - 防音包覆

C. 設計目標：15 分貝

D. 設計圖說：如圖 13.14

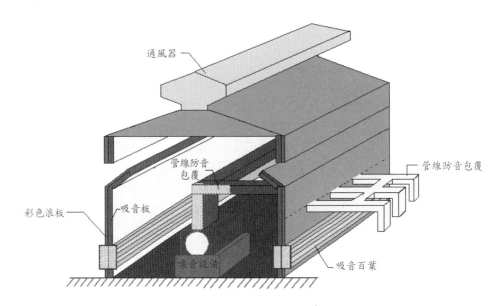

圖 13.14　防音屋暨管線防音包覆設計

E. 施工：如圖 13.15

圖 13.15　管線包覆（完成後）

　F. 改善成果：

　　(1) 隔音罩：10 分貝

　　(2) 管線防音包覆；15 分貝

13.2.4 紙廠製程用反射式消音器

　A. 噪音源：

　　紙廠製程排氣設備

　B. 處理方式：

　　消音器更新

　C. 設計目標：10-15 分貝

　D. 施工：如圖 13.16

圖 13.16　反射式消音器（完成後）

　E. 改善成果：15-20dB

13.2.5 水泥廠煙囪單頻噪音處理

A. 噪音源：引流式風車單頻音（237 Hz, 90.3 dB(A)）

B. 處理方式：

　　風車排氣煙囪噪音 - 調音消音器

C. 設計目標：15 分貝

D. 設計圖說：如圖 13.17

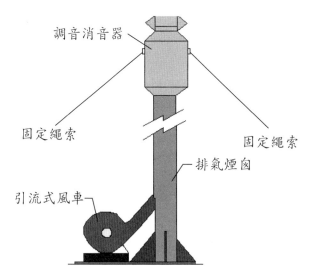

圖 13.17　水泥廠煙囪之單頻噪音處理

E. 施工：如圖 13.18～圖 13.20

圖 13.18　調音消音器製作

圖 13.19　調音消音器安裝

圖 13.20　水泥廠煙囪單頻噪音處理（改善前、後）

F. 改善成果：

16.7 分貝

13.2.6 石化廠高壓排放消音器（釋壓閥 -Pressure Relief Valve）

A. 噪音源：釋壓閥緊急排放音

B. 處理方式：

排放消音器

C. 設計目標：30 分貝

D. 設計圖說：如圖 13.21

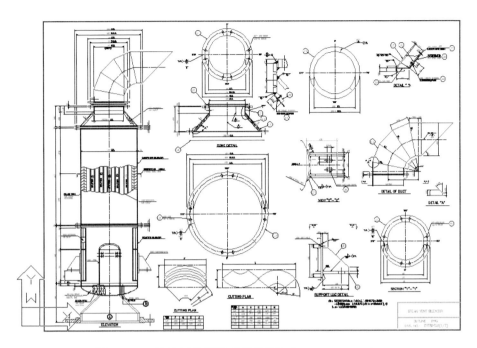

圖 13.21　蒸氣排放消音器廠製圖（Shop Drawing）

E. 施工：如圖 13.22

F. 改善成果：35 分貝

蒸氣排放消音器

圖 13.22　**蒸氣排放消音器（安裝完成）**

13.2.7 冷卻水塔消音器

A. 噪音源：冷卻水塔進排氣噪音

B. 處理方式：

進排氣消音器

C. 設計目標：

(1) 進氣消音器 -8 分貝

(2) 排氣消音器 -15 分貝

D. 設計圖說：如圖 13.23

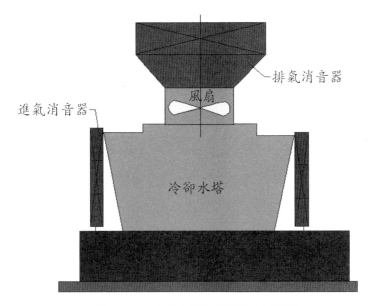

圖 13.23　冷卻水塔防音設計立面圖說

E. 施工：如圖 13.24

圖 13.24　冷卻水塔噪音處理（改善前、後）

F. 改善成果：

    (1) 進氣消音器 -10 分貝

    (2) 排氣消音器 -15 分貝

13.2.8 電子廠隔音牆

A. 噪音源：控制閥暨管線區噪音

B. 處理方式：

    隔音牆遮音

C. 設計目標：12 分貝

D. 設計圖說：如圖 13.25

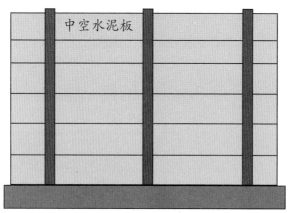

隔音牆立面

圖 13.25　中空水泥板隔音牆立面圖

E. 施工：如圖 13.26

圖 13.26　中空水泥板隔音牆完成圖

F. 改善成果：

　15 分貝

13.2.9 機房進氣噪音處理

　A. 噪音源：機房進氣噪音

　B. 處理方式：

　　進氣吸音百葉

　C. 設計目標：10 分貝

　D. 設計圖說：如圖 13.27

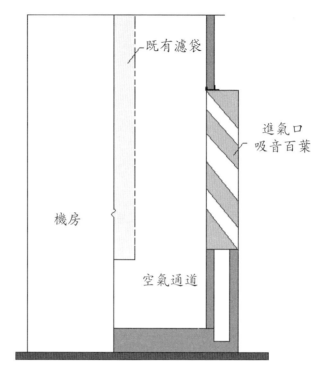

圖 13.27   機房進氣吸音百葉立面圖

E. 施工：如圖 13.28

圖 13.28   機房進氣噪音處理（改善前、後）

　　F. 改善成果：10 分貝

練習 13

1. 一般常見的噪音防治對策有哪些？

2. 進行密閉式的防音工程（如隔音罩）時，除了設備的防音設計外，還需考慮哪些？

基本名詞中英對照與解釋

1. 聲音校準器（acoustic calibrator）：校正噪音計準度之用。

2. 隔音罩（acoustic hood）：用以減低機器本體音傳播的最常見防音設施。

3. A加權（A-weighting）：噪音計以A加權電網做權重所量得之音壓位準，此 A 加權電網是模擬人耳對不同頻率噪音的感受所作成，其餘尚有 B 加權（少用）、C 加權（機械噪音用）及 D 加權（飛機噪音用）。

4. 背景噪音（background noise）：欲測定音源以外的其他音源噪音，稱之為背景噪音。

5. 日夜音量（day-night level; Ldn）：依據整日之小時均能音量值，考慮夜間的高感音特性，加重夜間權重，並計算其日均能音量值，此評估指標可作為整日音量對社區影響的評估指標。

6. 分貝（decibel）：聲的量度單位。

7. 迴響音場（diffuse field）：音波輻射充分反射後，區域各點的音壓位準均相等者。

8. 直傳音場（Direct Sound Field）：由音源直接傳播至受音點處的音量所形成的音場，稱之為直傳音場。

9. 動特性（dynamic response）：依噪音計電路與指示反應在訊號擷取的快慢，分為『快特性』與『慢特性』二種，前者的反應時間為 1/8 秒，後者的反應時間常數為 1 秒，噪音計上動特性之選擇，原則上使用『快特性』，但音源發出之聲音變動不大時，例如馬達聲等，可使用『慢特性』。

10.均能音量（equivalent energy sound level; Leq）：任一特定時段內，以積分連續累加得時段內的音壓位準，稱為該時段的均能音量。

11. 遠音場（far field）：音波輻射的區域具有點音源距離之音量衰減特性者稱之。

12. 變動性噪音（fluctuating noise）：噪音為不規則變化且起伏很大者稱之，一般之道路交通噪音均屬之。

13. 振拍迴音（flutter echo）：音波發生於二個平行硬面間的反覆反射現象。

14. 自由音場（free field）：音波輻射不產生反射的區域。

15. 頻率（frequency; f）：每秒音波來回振動的次數，單位為赫茲（Hz）。

16. 衝擊性噪音（impulsive noise）：聲音達到最大振幅所需要的時間小於 0.035 秒，而由峰值往下降低 30 分貝所需的時間小於 0.5 秒，且二次衝擊不得少於 1 秒者。

17. 干涉（interference）：二個或以上不同相位、振幅及傳播方向的音波，互相重疊所產生音波疊加效應的結果。

18. 間歇性噪音（intermittent noise）：發生的時間及音頻均不定者稱之。

19. 超低頻（infrasonic frequency）：聲音頻率低於人耳所能感知的最低頻率者稱之，一般定義為 20Hz 以下者均屬之。

20. 線音源（line source）：音源連續承一直線時，受音者的距離加倍，則聲音下降 3 分貝。

21. 響度（loudness; L）：評斷人耳對每個單頻音之感受靈敏度，以松（sone）為單位。

22. 響度位準（loudness level; LL）：評斷人耳對每個單頻音之感受靈敏度，以 1000Hz 的純音為基準，對應的音壓位準值為響度位準值，奉（phon）為單位，其餘單頻音之感受度以此 1000Hz 為準，可逐一訂定。

23. 遮蔽效應（masking effect）：其他背景音高於主要之交談或播送音量，致無法分辨交談或播送音量者，即為遮蔽效應，必須提高交談或播送音量。

24. 質量律（mass law）：聲音隔絕等級與隔絕物的面密度有對數正比的關係。

25. 微巴（microbar; μ bar）：聲音壓力單位，$1\mu bar = 1*10^{-6}bar = 1*10^{-1}Pa = 1dyne/cm^2$。

26. 聲音（sound）：在彈性介質中產生微擾音壓波動，並傳至受音者耳朵，使知覺其存在者。

27. 噪音（noise）：超過法令管制標準的聲音。

28. 等音線圖（noise contour map）：將具有相同某特定音壓位準值的點位置相連成一封閉曲線，所形成的多層密閉曲線圖者，其表示方式與等高線相同。

29. 噪音規範曲線（Noise Criterion Curve; NC curve）：為室內設計曲線指標之一種，無單位。

30. 噪音分級曲線（Noise Rating Curve; NR curve）：為室內設計曲線指標之一種，無單位。

31. 噪音減低係數（noise reduction coefficient; NRC）：評估物體表面的音能吸收能力之指標，一般以 250Hz、500Hz、1000Hz 及 2000Hz 聲音吸收系數的算數平均值表示。

32. 八音度（octave band）：將可聽頻域分成八個頻帶，每個頻帶有中心頻率 fc，每個頻帶的上下限頻率之比值為 2 者。

33. 巴斯卡（pascal; Pa）：聲音壓力單位，$1Pa = 1N/m^2 = 10dyne/cm^2$。

34. 時間率音壓位準（percent exceeded sound level; Lx x = 5、10、50、90、95）：音量超過且達到某音壓位準的時間，其與所佔整體時間的百分比若為 x，則其音壓位準即定義為 Lx，例如 L95 即表示 95% 的時間超過並達到此音量位準。

35. 面音源（plane source）：音源大小遠大於測定距離時，此音源稱為面音

源，在近距離處，音量不隨距離衰減。

36. 點音源（point source）：音源輻射如同自一點發出，受音者的距離加倍，則聲音下降 6 分貝。

37. 優先噪音規範曲線（Preferred Noise Criterion Curve; PNC curve）：爲 NC curve 室內設計曲線指標之改良型，無單位。

38. 純音（pure tone）：只含單一頻率的音波。

39. 迴響音場（Reverberant Sound Field）：音源傳至牆面做無數次的音反射，最後達到一個均勻的的音場，稱之爲迴響音場。

40. 反射（reflection）：音波入射一物體表面，折反回原入射路徑者稱之。

41. 繞射（refraction）：因空間阻隔，改變音波傳播的路徑與方向者。

42. 殘響時間（reverberant time）：音源停止後，室內特定點音量衰減 60 分貝所需要的時間。

43. 隔音牆（sound barrier）：用以阻礙傳音，使音波產生繞射以增大距離衰減之設施。

44. 音場（sound field）：音波存在的彈性介質（如空氣）區域者稱之。

45. 聲音吸收係數（sound absorption coefficient; α）：入射波音強與反射波音強之差值，此差值與入射波音強之比值，即爲聲音吸收係數。

46. 噪音計（sound meter）：量測音壓位準的儀器。

47. 聲音減少指數（sound reduction index; SRI）：同聲音穿透損失（STL）。

48. 聲音隔絕（sound insulation）：物體或結構阻隔音波傳送至受音者處之行爲。

49. 聲音穿透損失（sound transmission loss; STL）：一種隔音物體之聲音隔絕能力的量度指標。

50. 聲音穿透係數（sound transmission coefficient; τ）：音波穿透物體的音能比率。

51. 聲音穿透等級（sound transmission class; STC）：評定隔音板的聲音隔絕度之簡易評定指標，聲音隔絕度以 500Hz 處的 STL 表示。

52. 音源室（source room）：用於隔音材之減音指數試驗室內，爲放置並播放音量的高反射房間。

53. 共鳴駐波（standing wave）音場：二個同頻率、振幅但不同相位的音波在固定空間產生之干涉現象。

54. 穩定性噪音（steady noise）：噪音不隨時間作大幅度變化者稱之，一般之穩定轉動設備均屬之。

55. 時量平均音量（time weighted average sound level; TWA）：爲以 8 小時的每日工作小時爲基準之時量平均值，以分貝表示。

56. 聽覺閾（threshold of hearing）：人耳所能聽覺之最小聲音。

57. 超高頻（ultrasonic frequency）：聲音頻率高於人耳所能感知的最高頻率者稱之，一般定義爲 20000Hz 以上者均屬之。

58. 加權（weighting）：噪音計對不同頻率音的反應特性。

參考文獻

1. Kinsler, L.E., Frey, A.R., Coppens, A.B., Sanders, J.V., "Fundamentals of Acoustics", 3rd ed., John and Wiley, chapter 11. (1982)

2. Webb, J.D., "Noise Control in Industry", Sound Research Laboratories, U.K. (1978)

3. 「勞工安全衛生法令」，中華民國工業安全衛生協會。

4. Allan Fry, "Noise Control in Building Services", Pergamon, U.K. (1988)

5. 中野友朋，「噪音工學的基礎」，復漢出版社（1990）

6. Magrab, E.B., "Environmental Noise Control", John Wiley & Sons, New York (1975)

7. Guyton, A.C., "Textbook of Medical Physiology", 6th ed., W.B. Saunders, Chapter 61-the sense of hearing. (1981)

8. Ganong, W.F., "Review of Medical Physiology", 2nd ed., Lange Medical Publication, Chapter 9-hearing & equilibrium. (1985)

9. Taylor, W., Pearson, J., Mair, A., "Study of Noise and Hearing in Jute Weaving", J Acoustic Society Am38 : 113-120. (1965)

10. Sulkowski, W.J., Kowalska, S., Lipowczan, A., "Hearing Loss in Weavers and Drop-forge Hammermen: Comparative Study on the Effects of Steady-state and Impulse noise. In: Rossi G", ed. Proceedings of the International Congress on Noise as a Public Health Problem. Milan, Italy: Centro Ricerchee Studi Amplifon. (1983)

11. Sulkowski, W.J., Lipowczan, A., "Impulse Noise-induced Hearing Loss in Drop Forge Operators and the Energy Concept", Noise Control Eng 18:24-29. (1982)

12. 王老得，「台北市國小階段聽力障礙學童之分析研究」，中華民國耳鼻喉科醫學會雜誌，14(2):11-17. (1979)

13. Page, J.C., "A Comparison of State and Federal Hearing Loss Compensation Program", NHCA letter, 3(1), National Hearing Conservation Association, Des Moines, IA, p.4-7. (1986)

14. Wu, T.N., Ko, Y.C., Chang, P.Y., "Study of Noise Exposure and High Blood Pressure in Shipyard Workers", Am J Ind. Med 12:431-438. (1987)

15. 黃乾全，「噪音對動物生長發育影響之研究」，高雄醫學院 73 年工業衛生研討會。（1984）

16. "Sound &Vibration Catalog", Bruel & Kjar.

17. 「噪音的測定與評價」，衛生署環境保護局。（1985）

18. 「利音（Rion）儀器型錄」，http://www.ring-in.com.tw/

19. J.D.Irwin, J.D., Graf, E.R., "Industrial Noise and Vibration Control", Prentice-Hall (1979)

20. Bies, D.A., Hansen, C.H., "Engineering Noise Control", UNWIN HYMAN. (1988)

21. 「工業振動與噪音之基本防制方法」，工業污染防治技術手冊36。（1993）

22. Beranek, L.L., "Noise Control", McGraw-Hill, New York (1960)

23. Chiu, M.C., "Design Optimization on Multi-Layer Sound Absorbers and Reactive Mufflers Under Space Constraints", Ph. D. Thesis. (2004)

24. 葉隆吉，張英俊，邱銘杰，李秦宇，「有限空間下的單腔邊進出氣式消音器外型最佳化設計之研究」，93 年國科會研究計劃報告，NSC 93-2212-E-036-006. (2004)

25. 「ENM 軟體型錄」，http://rtagroup.com.au/

26. 「SoundPlan 軟體型錄」，http://www.soundplan.webcentral.com.au/

27. 「CadnaA 軟體型錄」，http://www.datakustik.de/

原單位	轉換單位	乘上	反向乘上
atm	mm Hg at 0°C	760	1.316×10^{-3}
	mm H$_2$O at 0°C	1.033227×10^{4}	9.678411×10^{-5}
	lb/in^2 (psi)	14.7	6.805×10^{-2}
	N/m^2 (Pa)	1.0132×10^{5}	9.872×10^{-6}
	kgf/cm^2	1.033227	9.678411×10^{-1}
	bar	1.01325	9.681×10^{-1}
	μbar(dyne/cm^2)	1.01325×10^{6}	9.681×10^{-7}
°C(Celsius)	°F(fahrenheit)	[(°C$\times$9)/5] + 32	(°F-32)$\times$5/9
	°K(Kelvin)	°C + 273.2	°K-273.2
	°R(Rankine)	°C + 459.7	°R273.2
cm	in	0.3937	2.54
	ft	3.281×10^{-2}	30.48
	m	10^{-2}	10^{2}
cm^2	in^2	0.1550	6.452
	ft^2	1.0764×10^{-3}	929
	m^2	10^{-4}	10^{4}
cm^3	in^3	0.06102	16.387
	ft^3	3.531×10^{-5}	2.832×10^{4}
	m^3	10^{-6}	10^{6}
dyne	lbf(force)	2.248×10^{-6}	4.448×10^{5}
	N	10^{-5}	10^{5}

原單位	轉換單位	乘上	反向乘上
	kgf	1.019716×10^{-6}	9.80665×10^{5}
dyne/cm^2	lbf/ft^2	2.090×10^{-3}	478.5
	N/m^2	10^{-1}	10^{1}
	kgf/m^2	1.019716×10^{-2}	9.80665×10^{1}
erg	ft · lbf	7.376×10^{-8}	1.356×10^{7}
	J	10^{-7}	10^{7}
	kgf · m	1.019716×10^{-8}	9.80665×10^{7}
erg/s	ft · lbf/s	7.376×10^{-8}	1.356×10^{7}
	ft · lbf/m	4.4256×10^{-6}	2.2596×10^{5}
	W	10^{-7}	10^{7}
	kW	10^{-10}	10^{10}
	kgf · m/s	1.019716×10^{-8}	9.80665×10^{7}
	hp(550ft lbf/s)	1.341×10^{-10}	7.457×10^{9}
hp(550ft · lbf/s)	ft · lbf/m	3.3×10^{4}	3.03×10^{-5}
	W	745.7	1.341×10^{-3}
	kW	0.7457	1.341
kg	lbm(weight)	2.2046	0.4536
	slug	0.06852	14.594
	g	10^{3}	10^{-3}
kg/m^3	lbm/ft^3	6.242797×10^{-2}	16.01846
	slug/ft^3	1.940320×10^{-3}	515.3788
$\log_e n(\ln n)$	$\log_{10} n$	0.4343	2.303
m/s	km/h	3.6	0.277778
	ft/s	3.280840	0.3048
	mile/h	2.236936	0.44704

原單位	轉換單位	乘上	反向乘上
N	lbf	0.2248	4.448
	dyne	10^5	10^{-5}
Np(neper)	dB(decibel)	8.686	0.1151
N/m^2	lbf/in^2	1.4513×10^{-2}	6.89×10^3
	lbf/ft^2	2.090×10^{-2}	47.85
	dyne/cm^2	10	10^{-1}

附錄 B 噪音管制相關法規

附錄 B-1

噪音管制標準

中華民國八十一年六月二十九日行政院環境保護署環署空字第〇一六七五五號令發布全文六條

中華民國八十五年九月十一日環署空字第四九四八八號修正第六條及第七條條文

中華民國 94 年 1 月 31 日行政院環境保護署環署空字第 0940007620 號令修正發布第三條及第七條條文

中華民國 95 年 11 月 8 日行政院環境保護署環署空字第 0950087606 號令修正發布

中華民國 97 年 2 月 25 日行政院環境保護署環署空字第 0970013826 號令修正發布第二條、第四條並增訂第六條之一

中華民國 98 年 9 月 4 日行政院環境保護署環署空字第 0980078173 號令修正發布全文十一條

第一條

本標準依噪音管制法第九條第二項規定訂定之。

第二條

本標準用詞,定義如下:

一、管制區:指噪音管制區劃定作業準則規定之第一類至第四類噪音管制區。

二、音量:以分貝(dB(A))為單位,括號中 A 指在噪音計上 A 權位置之測量值。

三、背景音量:指除測量音源以外之音量。

四、周界：指場所或設施所管理或使用之界線。其有明顯圍牆等實體分隔時，以之爲界；無實體分隔時，以其財產範圍或公眾不常接近之範圍爲界。

五、時段區分：

（一）日間：第一、二類管制區指上午六時至晚上八時；第三、四類管制區指上午七時至晚上八時。

（二）晚間：第一、二類管制區指晚上八時至晚上十時；第三、四類管制區指晚上八時至晚上十一時。

（三）夜間：第一、二類管制區指晚上十時至翌日上午六時；第三、四類管制區指晚上十一時至翌日上午七時。

六、均能音量：指特定時段內所測得音量之能量平均值。20Hz 至 20kHz 之均能音量以 L_{eq} 表示；20Hz 至 200Hz 之均能音量以 $L_{eq, LF}$ 表示；其計算公式如下：

（一）$L_{eq} = 10 \log \frac{1}{T} \int_0^T \frac{P_t^2}{P_0^2}$ [公式說明]

　　　· T：測量時間，單位爲秒。

　　　· P_1：測量音壓，單位爲巴斯噶（Pa）。

　　　· P_0：基準音壓爲 20 μ Pa。

（二）$L_{eq\ LF} = 10 \log \sum_{n=20\ Hz}^{200\ Hz} 10^{0.1\ L_{eq\ n}}$ [公式說明]

　　　· $L_{eq, n}$：以 1/3 八音度頻帶濾波器測得之各 1/3 八音度頻帶均能音量。

　　　· n：20Hz 至 200Hz 之 1/3 八音度頻帶中心頻率。

七、最大音量（L_{max}）：測量期間中測得最大音量之數值。

八、複合音量：指欲測量地點之音量由二個以上設施所產生並合成之音量。

第三條

噪音音量測量應符合下列規定：

一、測量儀器：

測量 20Hz 至 20kHz 範圍之噪音計使用中華民國國家標準 CNS NO.7129 規定之一型聲度表；測量 20Hz 至 200Hz 範圍之噪音計使用中華民國國家標準 CNS NO.7129 規定之一型聲度表，且應符合國際電工協會 IEC 61260 (1995) Class 1 等級。

二、測量高度：

（一）測量地點在室外時，聲音感應器應置於離地面或測量樓層之樓板延伸線一‧二至一‧五公尺之間。

（二）測量地點為室內時，聲音感應器應置於離地面或樓板一‧二至一‧五公尺之間。

三、動特性：

噪音計上動特性之選擇，原則上使用快（Fast）特性。但音源發出之聲音變動不大時，例如馬達聲等，可使用慢（Slow）特性。

四、背景音量之修正：

（一）測量場所之背景音量，至少與欲測量音源之音量相差 10dB(A) 以上，如相差之數值小於 10dB(A)，則依下表修正之。

（二）背景音量之修正：

L1：指包含背景音量之測量值。

L2：指背景音量之測量值。

L1-L2	3	4	5	6	7	8	9
修正值	-3	-2	-1				

（三）各場所與設施負責人或現場人員應配合進行背景音量之測量，並應修正背景音量之影響；進行背景音量之測量時，負責人或現場人員無法配合者，即不須修正背景音量，並加以註明。

（四）欲測量場所之整體音量，與背景音量相差之數值小於3dB(A)時，應停止測量，另尋其他適合測量地點或排除、減低其他噪音源之音量，再重新測量之。

（五）欲測量場所爲工廠（場）且有二十四小時全年運轉之設備，除歲修外無法停機配合測量背景音量者，得向直轄市、縣（市）主管機關提出歲修背景音量監測計畫，經直轄市、縣（市）主管機關同意後，於歲修時測量其周界外直轄市、縣（市）主管機關核定地點連續二十四小時以上七十二小時以下之音量，報請直轄市、縣（市）主管機關核備，作爲核備日起二年內，測量20Hz至20kHz頻率範圍時，該工廠（場）周界外任何地點測量之背景音量修正依據。

五、測量時間：

選擇發生噪音最具代表之時刻或陳情人指定之時刻測量。

六、測量地點：

（一）測量非擴音設施音源20Hz至20kHz頻率範圍時，除在陳情人所指定其居住生活之地點測量外，以主管機關指定該工廠（場）、娛樂場所、營業場所、營建工程或其他經主管機關公告之場所或設施周界外任何地點測量之，並應距離最近建築物牆面線一公尺以上。

（二）測量非擴音設施音源20Hz至200Hz頻率範圍時，於陳情人所指定其居住生活之室內地點測量，並應距離室內最近牆面線一公尺以上，但欲測量音源至聲音感應器前無遮蔽物，則不在此限。室內門窗應關閉，其他噪音源若影響測量結果者，得將其關閉暫停使用。

（三）測量擴音設施時，以擴音設施音源水平投影距離三公尺以上，

主管機關指定之位置測量之。若移動性擴音設施前進時，測量地點以與移動音源最近距離不少於三公尺之主管機關指定位置測量之。

七、評定方法：

（一）屬非擴音設施音源者，依下列音源發聲特性，計算均能音量（L_{eq} 或 $L_{eq, LF}$）或最大音量（L_{max}），其結果不得超過各噪音管制標準值表中數值：

1. 噪音計指針呈週期性或間歇性的規則變動，而最大值大致一定時，則以連續五次變動之最大值（L_{max}）平均之。如圖 (1) 所示，為規則性變動的聲音，其變動週期一定。又如圖 (2) 所示，為間歇性的規則變動聲音，其最大值大致一定，以讀取每次最大值，共五次平均之。

2. 其他情形則以均能音量表示。其連續測量取樣時間須至少二分鐘以上，取樣時距不得多於二秒，如圖 (3) 所示，在噪音計指示一定時，或指針變化僅 1-2dB(A) 之變動情形，以均能音量表示。又如圖 (4) 所示，聲音的大小及發生的間隔不一定之情形，亦以均能音量表示之。

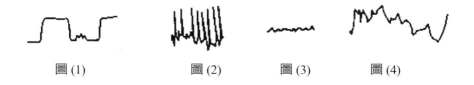

圖 (1)　　　　　圖 (2)　　　　　圖 (3)　　　　　圖 (4)

（二）擴音設施音源評定方法，依下述音源發聲特性，計算均能音量（L_{eq}）或最大音量（L_{max}），其結果不得超過其噪音管制標準值：

1. 移動性擴音設施，以其通過時測得之最大值（L_{max}）決定之。

　　2. 固定或停止移動之擴音設施，則以均能音量（L_{eq}）表示，其
　　　連續測量取樣時間須至少二分鐘以上，取樣時距不得多於二
　　　秒。

第四條

工廠（場）噪音管制標準值如下：

管制區		20Hz 至 200Hz，			20Hz 至 20kHz		
		日間	晚間	夜間	日間	晚間	夜間
均能音量（L_{eq}）	第一類	42	42	39	50	45	40
	第二類	42	42	39	60	55	50
	第三類	47	47	44	70	60	55
	第四類	47	47	44	80	70	65

第五條

娛樂場所、營業場所噪音管制標準值如下：

管制區	20Hz 至 200Hz			20Hz 至 20kHz		
	日間	晚間	夜間	日間	晚間	夜間
第一類	35	35	30	55	50	40
第二類	40	35	30	60	55	50
第三類	40	40	35	70	60	55
第四類	40	40	35	80	70	65

第六條

營建工程噪音管制標準值如下：

管制區		20Hz 至 200Hz			20Hz 至 20kHz		
		日間	晚間	夜間	日間	晚間	夜間
均能音量（L_eq）	第一類	47	47	42	70	50	50
	第二類	47	47	42	70	60	50
	第三類	49	49	44	75	70	65
	第四類	49	49	44	80	70	65
最大音量（L_max）	第一、二類				100	80	70
	第三、四類				100	85	75

第七條

擴音設施噪音管制標準值如下：

管制區	日間	晚間	夜間
第一類	60	50	40
第二類	75	60	50
第三類	80	65	55
第四類	85	75	65

第八條

其他經主管機關公告之場所及設施之噪音管制標準值如下：

管制區	20Hz 至 200Hz			20Hz 至 20kHz		
	日間	晚間	夜間	日間	晚間	夜間
第一類	35	35	30	55	50	35
第二類	40	35	30	60	55	45
第三類	40	40	35	70	60	50
第四類	40	40	35	80	70	60

第九條

非屬同一行為人、法人或非法人之設施所產生複合音量超過前條噪音管制標準值時，非屬同一行為人、法人或非法人之各設施均應符合依下表修正後之噪音管制標準值：

非屬同一行為人、法人或非法人之音源數	各設施應符合之噪音管制標準修正值
2	-3
3	-4
4	-6
5	-7
6 以上	-8

第十條

直轄市、縣（市）主管機關依噪音管制區劃定作業準則所劃定公告各類噪音管制區之特定管制區，其噪音管制標準值依第四條至第八條規定之噪音管制標準值降低五分貝。

測量地點為二以上噪音管制區交界處者，其音量不得超過其中任何一區之噪音管制標準值。

第十一條

本標準自發布日施行。

附錄 B-2

勞工安全衛生設施規則第 300 條

第 300 條　雇主對於發生噪音之工作場所，應依下列規定辦理：

一、勞工工作場所因機械設備所發生之聲音超過九十分貝時，
　　雇主應採取工程控制、減少勞工噪音暴露時間，使勞工
　　噪音暴露工作日八小時日時量平均不超過 (一) 表列之規
　　定值或相當之劑量值，且任何時間不得暴露於峰值超過
　　一百四十分貝之衝擊性噪音或一百十五分貝之連續性噪
　　音；對於勞工八小時日時量平均音壓級超過八十五分貝或
　　暴露劑量超過百分之五十時，雇主應使勞工戴用有效之耳
　　塞、耳罩等防音防護具。

　　(一) 勞工暴露之噪音音壓級及其工作日容許暴露時間如
　　　　下列對照表：

工作日容許暴露時間（小時）	A 權噪音音壓級（dbA）
8	90
6	92
4	95
3	97
2	100
1	105
1/2	110
1/4	115

　　(二) 勞工工作日暴露於二種以上之連續性或間歇性音壓

級之噪音時，其暴露劑量之計算方法為：

$$\frac{\text{第一種噪音音壓級之暴露時間}}{\text{該噪音音壓級對應容許暴露時間}} + \frac{\text{第二種噪音音壓級之暴露時間}}{\text{該噪音音壓級對應容許暴露時間}} + \cdots\cdots \underset{<}{\overset{>}{=}} 1$$

其和大於一時，即屬超出容許暴露劑量。

(三) 測定勞工八小時日時量平均音壓級時，應將八十分
貝以上之噪音以增加五分貝降低容許暴露時間一半
之方式納入計算。

二、工作場所之傳動馬達、球磨機、空氣鑽等產生強烈噪音之
機械，應予以適當隔離，並與一般工作場所分開為原則。

三、發生強烈振動及噪音之機械應採消音、密閉、振動隔離或
使用緩衝阻尼、慣性塊、吸音材料等，以降低噪音之發生。

四、噪音超過九十分貝之工作場所，應標示並公告噪音危害之
預防事項，使勞工周知。

附錄 B-3

環境音量標準

中華民國八十五年一月卅一日行政院環境保護署 (85) 環署空字第○一四六七號令發布全文十四條

第一條　本標準依噪音管制法施行細則第十條第二項規定訂定之。

第二條　本標準專有名詞定義及計算公式如左：

　　　　一、道路：指供不依軌道或電力架設而以原動機行駛之車輛通行之地方。

　　　　二、一般鐵路：指以軌道或於軌道上空架設電線供動力車輛行駛及其有關之設施，其最高時速低於二百公里者。

　　　　三、高速鐵路：指以軌道或於軌道上空架設電線供動力車輛行駛及其有關之設施，其最高時速二百公里以上者。

　　　　四、大眾捷運系統：指利用地面、地下或高架設施，不受其他地面交通干擾，使用專用動力車輛行駛於專用路線，並以密集班次、大量快速輸送都市及鄰近地區旅客之公共運輸系統。

　　　　五、道路邊地區：距離寬度八公尺以上之道路邊緣三十公尺以內或距離寬度六公尺以上未滿八公尺之道路邊緣十五公尺以內之地區。

　　　　六、一般鐵路、高速鐵路及大眾捷運系統邊地區：距離其周界外三十公尺以內之地區。

　　　　七、一般地區：除道路、一般鐵路、高速鐵路、大眾捷運系統邊地區及各級航空噪音管制區以外之地區。

　　　　八、時段區分：

（一）早：指上午五時至上午七時前。

（二）晚：指晚上八時至晚上十時前。

（三）日間：指上午七時至晚上八時前。

（四）夜間：指零時至上午五時前及同日晚上十時至晚上
十二時前。

九、音量單位：分貝（dB(A)）A 指噪音計上 A 權位置之測定值。

十、均能音量（L_{eq}）：指特定時段內所測得環境音量之能量平
均值，其計算公式如左：

$$Leq = 10 \log \frac{1}{T} \int_0^T \left(\frac{P_t}{P_0} \right)^2 dt$$

T：測定時間，單位為秒。

Pt：測定音壓，單位為巴斯噶（Pa）。

Po：基準音壓為 20uPa。

十一、小時均能音量：指特定時段內每小時所測得環境音量之
能量平均值，其計算公式與均能音量同。

第三條　環境音量之測定應符合左列規定：

一、測量儀器：須使用符合國際電工協會標準之噪音計。

二、測定高度：聲音感應器應置於離地面或樓板一‧二至一‧
五公尺之間。

三、測量地點：

（一）於陳情人所指定其居住生活之左列地點測定：

1. 測量地點在室外者，距離周圍建築物一至二公尺。

2. 測量地點在室內者，將窗戶打開並距離窗戶一‧
五公尺。

（二）未有前目之地點者，於左列地點測定：

1. 道路邊地區：距離道路邊緣一公尺處。但道路邊有建築物者，應距離最靠近之建築物牆面線向外一公尺以上。

2. 一般鐵路及大眾捷運系統邊地區：距離外側鐵軌中心線十五公尺處。但一般鐵路及大眾捷運系統邊有建築物者，應距離最靠近之建築物牆面線向外一公尺以上。

3. 高速鐵路邊地區：距離外側鐵軌中心線二十五公尺處。但高速鐵路邊有建築物者，應距離最靠近之建築物牆面線向外一公尺以上。

四、動特性：須使用快（FAST）特性。

五、測定時間：應包含當日零時至二十四時前之連續測定。

六、氣象條件：測定時間內須無雨、路乾且風速每秒五公尺以下。

七、測定紀錄應包括左列事項：

（一）日期、時間、地點及測定人員。

（二）使用儀器及其校正紀錄。

（三）測定結果。

（四）測定時間之氣象狀態（風向、風速、相對濕度、氣溫及最近降雨日期）。

（五）適用之標準。

（六）其他經中央主管機關指定記載事項。

第四條　道路交通噪音超過左列標準者，由主管機關會同各該主管機關採取適當防制措施。

時段 管制區	均能音量（L_{eq}）		
	早、晚	日間	夜間
第一類或第二類管制區內 緊鄰六公尺以上未滿八公尺之道路	69	71	63
第一類或第二類管制區內 緊鄰八公尺（含）以上之道路	70	74	67
第三類或第四類管制區內 緊鄰六公尺以上未滿八公尺之道路	73	74	69
第三類或第四類管制區內 緊鄰八公尺（含）以上之道路	75	76	73

第五條　　前條道路交通噪音經改善後，應符合左列標準：

時段 管制區	均能音量（L_{eq}）		
	早、晚	日間	夜間
第一類或第二類管制區內 緊鄰六公尺以上未滿八公尺之道路	66	68	62
第一類或第二類管制區內 緊鄰八公尺（含）以上之道路	66	69	62
第三類或第四類管制區內 緊鄰六公尺以上未滿八公尺之道路	69	72	66
第三類或第四類管制區內 緊鄰八公尺（含）以上之道路	73	75	70

第六條　　一般鐵路交通噪音超過左列標準者，由主管機關會同各該主管
　　　　　機關採取適當防制措施。

管制區 ＼ 時段	小時均能音量		
	早、晚	日間	夜間
第一類或第二類管制區內	73	73	70
第三類或第四類管制區內	75	76	72

第七條　　前條一般鐵路交通噪音經改善後，應符合左列標準：

管制區 ＼ 時段	小時均能音量		
	早、晚	日間	夜間
第一類或第二類管制區內	71	72	68
第三類或第四類管制區內	72	74	70

第八條　　高速鐵路交通噪音超過左列標準者，由主管機關會同各該主管機關採取適當防制措施。

管制區 ＼ 時段	小時均能音量		
	早、晚	日間	夜間
第一類或第二類管制區內	60	65	55
第三類或第四類管制區內	70	75	65

第九條　　前條高速鐵路交通噪音經改善後，應符合左列標準：

管制區 ＼ 時段	小時均能音量		
	早、晚	日間	夜間
第一類或第二類管制區內	55	60	50
第三類或第四類管制區內	65	70	60

第十條　大眾捷運系統交通噪音超過左列標準者，由主管機關會同各該主管機關採取適當防制措施。

時段 管制區	小時均能音量		
	早、晚	日間	夜間
第一類或第二類管制區內	65	70	60
第三類或第四類管制區內	70	75	65

第十一條　前條大眾捷運系統交通噪音經改善後，應符合左列標準：

時段 管制區	小時均能音量		
	早、晚	日間	夜間
第一類或第二類管制區內	60	65	55
第三類或第四類管制區內	65	70	60

第十二條　一般地區環境音量標準如左：

時段 管制區	均能音量（L_{eq}）		
	早、晚	日間	夜間
第一類管制區內	45	50	40
第二類管制區內	55	60	50
第三類管制區內	60	65	55
第四類管制區內	70	75	65

第十三條　航空噪音之改善，依機場周圍地區航空噪音防制辦法之規定辦理。

第十四條　本標準自發布日施行。

附錄 B-4

機動車輛噪音管制標準

中華民國 93 年 10 月 6 日行政院環境保護署環署空字第 0930066337D 號令、交通部交路發字第 093B000064 號令會銜訂定發布全文四條

中華民國 96 年 6 月 22 日行政院環境保護署環保署環署空字第 0960044255D 號、交通部交路字第 0960085028 號令會銜修正發布第三條附表

中華民國 98 年 8 月 10 日行政院環境保護署環保署環署空字第 0980064269D 號、交通部交路字第 0980085044 號令會銜修正發布第一條條文、第三條附表

目錄

1. 附表、機動車輛噪音管制標準值

第一條

本標準依噪音管制法第十一條第一項規定訂定之。

第二條

本標準專用名詞定義如下：

一、加速噪音標準值：指車輛於一定路程、一定檔位行駛狀態下，測出之加速噪音量。

二、原地噪音標準值：指車輛於原地在一定引擎轉速下，測出之原地噪音量。

三、新車型審驗：指各車型車輛於製造或進口後，銷售或使用前，對該車型噪音情形所為之審查檢驗。

四、新車檢驗：指車輛經新車型審驗合格，於其製造或進口達規定之數量時，對其噪音情形所為之檢驗。

五、使用中車輛檢驗：指主管機關不定期於停車場（站）、路旁、柴油車動力計排煙檢測站或其他適當地點，對車輛噪音情形所為之檢驗。

第三條

機動車輛噪音管制標準值如附表。

第四條

本標準自發布日施行。

附表、機動車輛噪音管制標準值

單位：dB(A)

檢驗項目			轎車、旅行車	大客車、貨車及經公告之特殊車輛 ≤3.5公噸	貨車、大客車及經公告之特殊車輛 >3.5公噸		機器腳踏車			
					<150kW	≥150kW	≤50c.c.	>50c.c. ≤100c.c.	>100c.c. ≤175c.c.	>175c.c.
第一期 八十年 一月一 日	新車型檢驗及新車檢驗	加速噪音	81	86	86		75	78	81	
		原地噪音	103	103	107		95	99	99	
	使用中車輛檢驗	原地噪音	為新車型審驗合格證明文件所載該車型之原地噪音檢驗值，加 5dB(A)。但不能高於八十年一月一日新車型審驗上限值。							
第二期 八十二年一月一日	新車型檢驗及新車檢驗	加速噪音	78	83	83		72	75	78	
		原地噪音	103	103	107		95	99	99	
	使用中車輛檢驗	原地噪音	為新車型審驗合格證明文件所載該車型之原地噪音檢驗值，加 5dB(A)。但不能高於八十年一月一日新車型審驗上限值。							
第三期 九十四年七月一日	新車型檢驗及新車檢驗	加速噪音	76	79	82	83	72	75	78	81
		原地噪音	96 (100)	97	98	99	84	90	94	94

檢驗項目			轎車、旅行車	大客車、貨車及經公告之特殊車輛 ≤3.5 公噸	貨車、大客車及經公告之特殊車輛 >3.5 公噸		機器腳踏車			
					<150kW	≥150kW	≤50c.c.	>50c.c. ≤100c.c.	>100c.c. ≤175c.c.	>175c.c.
	使用中車輛檢驗	原地噪音	為新車型審驗合格證明文件所載該車型之原地噪音檢驗值加 5dB(A)。九十四年七月一日以後出廠之國產車、裝船之進口車不能高於九十四年七月一日新車型審驗上限值。							
第四期 九十六年一月一日	新車型檢驗及新車檢驗	加速噪音	74	77	78	80	72	75	77	80
		原地噪音	96 (100)	97	98	99	84	90	94	94
	使用中車輛檢驗	原地噪音	為新車型審驗合格證明文件所載該車型之原地噪音檢驗值加 5dB(A)。九十四年七月一日以後出廠之國產車、裝船之進口車不能高於九十四年七月一日新車型審驗上限值。							

備註
1. 第一期至第四期管制標準依中央主管機關公告之機動車輛噪音量測方法進行測試。
2. 第三期管制標準：
   (1) 九十四年七月一日以後出廠之國產車、裝船之進口車須符合第三期管制標準。
   (2) 機器腳踏車 175c.c. 以下人工排檔車加速噪音標準值為表列標準值加 1dB(A)。
   (3) 後置引擎之轎車、旅行車新車型審驗及新車檢驗之原地噪音標準值為 100dB(A)。
3. 第四期管制標準：
   (1) 九十六年一月一日以後出廠之國產車、裝船之進口車須符合第四期管制標準。
   (2) 依機動車輛車型噪音審驗合格證明核發廢止及噪音抽驗檢驗處理辦法第十三條規定辦理之新車檢驗，加速噪音標準值為新車型審驗標準值加 1dB(A)。
   (3) 配備直接噴射柴油引擎之轎車、旅行車、3.5 公噸以下小客車及小貨車，新車型審驗加速噪音標準值為表列標準值加 1dB(A)。
   (4) 總重 2 公噸以上越野車（符合 70/156/EEC Annex Ⅱ 4. off-road vehicles 規定之車輛）之新車型審驗加速噪音標準值，引擎功率 ≥150kW 者為表列標準值加 2dB(A)；引擎功率 <150kW 者為表列標準值加 1dB(A)。
   (5) 手排五檔以上之轎車、旅行車、3.5 公噸以下小客車，其引擎功率

>140kW，且功率質量比 >75kW/ 公噸，並以三檔 50km/h 測試出場車速超過 61km/h 以上者，新車型審驗加速噪音標準值為表列標準值加 1dB(A)。

(6) 後置引擎之轎車、旅行車新車型審驗及新車檢驗之原地噪音標準值為 100dB(A)（車輛引擎本體前端與車輛縱向中線垂直之交叉平面，若位於最前軸中心與最後軸中心之直線中點後方，則認定為後置引擎）。

(7) 總重大於 3.5 公噸以上並檢附相關文件證明供為消防救災用途之消防車、救災車（含消防車、救災車之底盤車），其新車型審驗及新車檢驗之加速噪音標準值，引擎功率 <150kW 者為 81dB(A)；引擎功率≥ 150kW 者為 83dB(A)。

附錄 B-5

民用航空器噪音管制標準

中華民國七十七年五月四日行政院環境保護署(77) 環署空字第○八五六三號令、交通部交航(77) 第○九四七七號令會訂定發布全文共八條

中華民國八十九年十月十一日行政院環境保護署（八九）環署空字第○○五六六三一號令修正發布第一條及第八條條文

中華民國九十三年十一月二十四日行政院環境保護署環署空字第○九三○○八三三四九號令、交通部交航發字第○九三 B ○○○○八○號令會銜修正發布全文九條

中華民國 98 年 7 月 16 日行政院環境保護署環署空字第 0980061237D 號令、交通部交航字第 0980085036 號令、會銜修正發布

第一條

本標準依噪音管制法第十一條第一項規定訂定之。

第二條

民用航空器音量之測定依據國際標準組織（ISO）三八九一號規定之有效覺察音量測量（EPN, Effective Perceived Noise）、A 權最大音（A-weighting Maximum Noise Level）或噪音曝露位準（SEL, Sound Exposure Level）評定之。單位分別為 EPN 分貝（EPN dB）、L_{Amax} 分貝（L_{Amax}dB）及 SEL 分貝（SEL dB）。

第三條

中華民國六十六年十月五日以前申請原型機適航證書之次音速噴射飛機之噪音管制標準如下表：

測點	大於或等於二七二、○○○公斤重	小於或等於三四、○○○公斤重	介於三四、○○○公斤重至二七二、○○○公斤重之間

進場音量	108	102	91.83 + 6.64log M
橫向音量	108	102	91.83 + 6.64log M
起飛音量	108	93	67.56 + 16.61log M
備註	1.→進場音量測量點：從跑道頭向內三〇〇公尺（即著陸點）起，三度下滑角，一二〇公尺（三九四呎）垂直高度位置點，即自跑道頭向外延伸二、〇〇〇公尺位置。 2.→橫向音量測量點：飛機起飛點位置之橫面，距跑道中心線（或延伸跑道中心線）六五〇公尺之平行位置，即起飛過程中噪音量最大的位置。 3.→起飛音量測量點：從飛機開始滑行點起，自跑道中心線向外延伸至六·五公里之位置。 4.→單位為 EPN dB，M 代表最大起飛重量（千公斤重）。		

第四條

中華民國六十六年十月五日以前曾申請原型機適航證書，並在七十年十一月二十六日以後重新修改其機型設計之次音速噴射飛機之噪音管制標準如下表：

測點	引擎數目	起飛重量之上限值（公斤重）	起飛重量大於或等於上限值之噪音管制標準	起飛重量之下限值（公斤重）	起飛重量小於或等於下限值之管制標準	起飛重量介於上、下限值之噪音管制標準
進場音量		二八〇、〇〇	100	三五、〇〇〇	101	89.03 + 7.75logM
橫向音量		四〇〇、〇〇〇	106	三五、〇〇〇	97	83.87 + 8.51logM
起飛音量	二具以下	三二五、〇〇〇	104	四八、三〇〇	93	70.62 + 13.29logM

三具	三二五、〇〇〇	107	三四、〇〇〇	93	介於三四、〇〇〇至六六、七二〇公斤重間為 67.56 + 16.61logM，介於六六、七二〇至三二五、〇〇〇公斤重間為 73.62 + 13.29logM
四具以上	三二五、〇〇〇	108	三四、〇〇〇	93	介於三四、〇〇〇至一三三、四五〇公斤重間為 67.56 + 16.61logM，介於一三三、四五〇至三二五、〇〇〇公斤重間為 74.62 + 13.29logM
備註	1.→各音量測量點同前條備註 1.、2.、3.。 2.→單位為 EPN dB，M 代表最大起飛重量（千公斤重）				

第五條

中華民國六十六年十月六日以後申請原型機適航證書之次音速噴射飛機之噪音管制標準如下表：

測點	引擎數目	起飛重量之上限值（公斤重）	起飛重量大於或等於上限值之噪音管制標準	起飛重量之下限值（公斤重）	起飛重量小於或等於下限值之噪音管制標準	起飛重量介於上、下限值之噪音管制標準
進場音量		二八〇、〇〇	105	三五、〇〇〇	99	86.03 + 7.75logM
橫向音量		四〇〇、〇〇〇	103	三五、〇〇〇	94	80.87 + 8.51logM

起飛音量	二具以下	三八五、〇〇〇	101	四八、一〇〇	89	66.65 + 13.29logM
	三具	三八五、〇〇〇	104	二八、六〇〇	89	69.65 + 13.29logM
	四具以上	三八五、〇〇〇	106	二〇、二〇〇	89	71.65 + 13.29logM
備註	1.→各音量測量點除橫向平行距離為四五〇公尺外，其餘同第三條備註 1.、2.、3.。 2.→單位為 EPN dB，M 代表最大起飛重量（千公斤重）					

第六條

螺旋槳飛機依其最大起飛重量及申請原型機適航證書之時間，噪音管制標準如下：

測點	起飛重量大於或等於三八四、七〇〇公斤重	起飛重量小於或等於三四、〇〇〇公斤重	起飛重量介於三四、〇〇〇公斤重與三八四、七〇〇公斤重之間
進場音量	105	98	87.83 + 6.64log M
橫向音量	103	96	85.83 + 6.64log M
起飛音量	起飛重量大於或等於三五八、九〇〇公斤重	起飛重量小於或等於三四、〇〇〇公斤重	起飛重量介於三四、〇〇〇公斤重與三八四、七〇〇公斤重之間
	106	89	63.56 + 16.61logM
備註	1.→各音量測量點除橫向平行距離為四五〇公尺外，其餘同第三條備註 1.、2.、3.。 2.→單位為 EPN dB，M 代表最大起飛重量（千公斤重）		

一、中華民國七十三年十二月三十一日以前申請原型機適航證書之最大起

飛重量五、七○○公斤重以上螺旋槳飛機之噪音管制標準如下表：

二、中華民國七十四年一月一日以後至七十七年十一月十六日以前申請原型機適航證書之最大起飛重量五、七○○公斤重以上螺旋槳飛機之噪音管制標準如下表：

測點	引擎數目	起飛重量之上限值（公斤重）	起飛重量大於或等於上限值之噪音管制標準	起飛重量之下限值（公斤重）	起飛重量小於或等於下限值之噪音管制標準	起飛重量介於上、下限值之噪音管制標準
進場音量		二八○、○○	105	三五、○○○	98	86.03 + 7.75logM
橫向音量		四○○、○○○	103	三五、○○○	94	80.87 + 8.51logM
起飛音量	二具以下	三八五、○○○	101	四八、一○○	89	66.65 + 13.29logM
	三具	三八五、○○○	104	二八、六○○	89	69.65 + 13.29logM
	四具以上	三八五、○○○	106	二○、二○○	89	71.65 + 13.29logM
備註	1.→各音量測量點除橫向平行距離為四五○公尺外，其餘同第三條備註 1.、2.、3.。 2.→單位為 EPN dB，M 代表最大起飛重量（千公斤重）					

三、中華民國七十七年十一月十六日以前申請原型機適航證書之最大起飛重量八、六一八公斤重以下螺旋槳飛機之噪音管制標準如下表：

測點	起飛重量大於或等於一、五○○公斤重	起飛重量小於或等於六○○公斤重	起飛重量介於六○○公斤重與一、五○○公斤重之間
音量	80	69	68 + 13.33M
備註			

| 備註 | 1.→飛機保持高度 300^{+10}_{30} 公尺通過測點上空水平飛行，在測點垂直線 ±10° 範圍內通過。
2.→單位為 L'_{max} dB，M 代表最大起飛重量（千公斤重） | | |

四、中華民國七十七年十一月十七日以後申請原型機適航證書之最大起飛重量逾八、六一八公斤重螺旋槳飛機之噪音管制標準如下表：

測點	引擎數目	起飛重量之上限值（公斤重）	起飛重量大於或等於上限值之噪音管制標準	起飛重量之下限值（公斤重）	起飛重量小於或等於下限值之噪音管制標準	起飛重量介於上、下限值之噪音管制標準
進場音量		二八○、○○	105	三五、○○○	99	86.03 + 7.75logM
橫向音量		四○○、○○○	103	三五、○○○	94	80.87 + 8.51ogM
起飛音量	二具以下	三八五、○○○	101	四八、一○○	89	66.65 + 13.29logM
	三具	三八五、○○○	104	二八、六○○	89	69.65 + 13.29logM
	四具以上	三八五、○○○	106	二○、二○○	89	71.65 + 13.29logM
備註	1.→各音量測量點除橫向平行距離為四五○公尺外，其餘同第三條備註 1.、2.、3.。 2.→單位為 EPN dB，M 代表最大起飛重量（千公斤重）					

五、中華民國七十七年十一月十七日以後申請原型機適航證書之最大起飛
　　重量八、六一八公斤重以下螺旋槳飛機之噪音管制標準如下表：

測點	起飛重量大於或等於一、四○○公斤重	起飛重量小於或等於六○○公斤重	起飛重量介於六○○公斤重與一、四○○公斤重之間
音量	80	76	83.23 + 32.67logM
測點	起飛重量大於或等於一、五○○公斤重	起飛重量小於或等於五七○公斤重	起飛重量介於五七○公斤重與一、五○○公斤重之間
音量	85	70	78.71 + 35.7logM
備註	1.→起飛音量測量點：從飛機起飛滑行點起，自跑道中心線向外延伸至二、五○○公尺之位置。 2.→單位為 L'_{max} dB，M 代表最大起飛重量（千公斤重）。		

同時符合前項第一款及第三款之情形者，得擇一適用；同時符合前項第二
款及第三款者亦同。

第一項噪音管制標準不適用於特技、特殊活動、農業及救火用之螺旋槳飛
機。

第七條

直昇機飛機依其最大起飛重量及申請機型適航證書之時間，噪音管制標準
如下：

一、中華民國七十三年十二月三十一日以後申請原型機或七十七年十一月
　　十七日以後申請重新修改其機型設計之直昇機適航證書最大起飛重量
　　小於或等於七八八公斤重之直昇機飛機之噪音管制標準如下表：

測點	起飛重量大於或等於八〇、〇〇〇公斤重	起飛重量小於或等於七八八公斤重	起飛重量介於七八八公斤重至八〇、〇〇〇公斤重之間
起飛音量	109	89	90.03 + 9.97logM
進場音量	110	90	91.03 + 9.97logM
橫向音量	108	88	89.03 + 9.97logM
備註	1.→起飛音量測量點：沿飛行方向水平距離五〇〇公尺處；以及地面飛行航道基準點向外兩側一五〇公尺處。 2.→進場音量測量點：飛機沿 6° 下滑角進場航道、高度向下一二〇公尺處，與地面交點一、一四〇公尺處；以及地面飛行航道基準點向外兩側一五〇公尺處。 3.→滯空音量測量點：位於飛機飛行航道高度一五〇公尺下方。 4.→單位為 EPN dB，M 代表最大起飛重量（千公斤重）。		

二、中華民國九十一年三月二十一日以後申請原型機或重新修改其機型設
　　計之直昇機適航證書之最大起飛重量小於或等於七八八公斤重之直昇
　　機飛機之噪音管制標準如下表：

測點	起飛重量大於或等於八〇、〇〇〇公斤重	起飛重量小於或等於七八八公斤重	起飛重量介於七八八公斤重至八〇、〇〇〇公斤重之間
起飛音量	106	86	87.03 + 9.97logM
進場音量	109	89	90.03 + 9.97logM
橫向音量	104	84	85.03 + 9.97logM
備註	1.→起飛、進場、滯空音量測量點同前條款備註 1.、2.、3.。 2.→單位為 EPN dB，M 代表最大起飛重量（千公斤重）。		

三、中華民國八十二年十一月十一日以後申請原型機或重新修改其機型設

計之直昇機適航證書之最大起飛重量三、一七五公斤重以下直昇機飛機之噪音管制標準如下表：

測點	起飛重量小於或等於七八八公斤重	起飛重量大於七八八公斤重
滯空音量	82	83.03 + 9.97logM
備註	1.→滯空音量測量點：位於飛機飛行航道高度一五○公尺下方。 2.→單位為 SEL dB，M 代表最大起飛重量（千公斤重）。	

四、中華民國九十一年三月二十一日以後申請原型機或重新修改其機型設計之直昇機適航證書之最大起飛重量三、一七五公斤重以下直昇機飛機之噪音管制標準如下表：

測點	起飛重量小於或等於一、四一七公斤重	起飛重量大於一、四一七公斤重
滯空音量	82	80.49 + 9.97logM
備註	1.→滯空音量測量點：位於飛機飛行航道高度一五○公尺下方。 2.→單位為 SEL dB，M 代表最大起飛重量（千公斤重）。	

前項噪音管制標準不適用於特技、特殊活動、農業及救火用之直昇機飛機。

第八條

航空器噪音量測量程序及計算方式，依國際民航公約第十六號附約規定辦理。

第九條

本標準自發布日施行。

附錄 C 噪音評估模式技術規範

附錄 C-1

營建工程噪音評估模式技術規範

（91.2.15 環署綜字第 0910011361 號公告）

a) 依據開發行為環境影響評估作業準則第四十九條規定訂定之。

b) 辦理環境影響評估作業時，營建工程噪音評估模式之使用，應依本規範之規定辦理。本規範未規定者，依其他相關法令辦理。

c) 營建工程噪音評估模式之使用，應考量以下各項因素：

（一）開發行為及區位環境之特性。

（二）營建工程噪音源之類型。

（三）模式之限制條件。

d) 本規範現階段認可之模式及其適用條件如表一，得適時增修訂：

表一 模式及適用條件表

營建工程音源類型	施工機具（車輛）型態	模式名稱	備註
施工機具（點音源）	一般施工機具（衝擊式打樁機除外）	·半自由音場距離衰減公式： $SPL_{(A)} = PWL_{(A)} - 20*logr-8$ $(r \leqq 50)$ $SPL_{(A)} = PWL_{(A)} - 20*logr-0.025r-8$ $(r > 50)$ $SPL_{(A)}$：A Weighted Sound Pressure Level A 加權音壓位準，dB(A)	附件一

營建工程音源類型	施工機具（車輛）型態	模式名稱	備註
		$PWL_{(A)}$：A Weighted Sound Power Level A 加權聲功率位準，dB(A) r：距離 m，公尺 · SoundPLAN · Cadna-A	 附件二 附件三
	衝擊式打樁機	· 自由音場距離衰減公式： $SPL_{(A)} = PWL_{(A)} - 20*logr-11$ $(r \leqq 50)$ $SPL_{(A)} = PWL_{(A)} - 20*logr-0.025r-11$ $(r > 50)$ $SPL_{(A)}$：Sound Pressure Level A 加權音壓位準，dB(A) $PWL_{(A)}$：Power Level A 加權聲功率位準，dB(A) r：距離 m，公尺 · SoundPLAN · Cadna-A	附件一 附件二 附件三
施工車輛	行進中傾卸卡車	· 黃榮村模式 · RLS-90：SoundPLAN Cadna-A	附件四 附件五 附件三

e) 選用第四點之模式時，應先進行模式相關參數之校估，模式校估方式參見附件六。

f) 第四點中施工機具距離衰減公式之聲功率位準依施工計劃各工程作業別對照附件一中表1-1至表1-8之數據。若採用未列於表中之施工機具，應檢附生產廠商所提供之聲功率位準證明文件或合格代檢驗業提供之實測資料。

g) 選用第四點以外之模式時，應先檢附以下各項資料送請中央主管機關認可後，始得應用於環境影響說明書或環境影響評估報告書：

（一）模式內容架構及適用條件。

（二）國內或國外個案模式及模擬結果。

（三）與第四點認可模式之比對結果。

h) 營建工程噪音之模擬應參考模式使用指南進行影響預測分析，其評估結果及下列相關輸入資料應納入環境影響說明書或環境影響評估報告書以供審查：

（四）施工區位置、附近地形地物分布及影響範圍內敏感受體位置。

（五）施工機具種類、數量及配置。

（六）工程車輛進出路線、車速、交通量。

（七）氣象資料（如風向、風速、溫度、相對濕度）。

（八）噪音模擬結果（參見表二、表三及表四）。

（九）其他（如減音措施等）。

i) 規範於公告後施行。

表二　工程作業別主要施工機具施工噪音量摘要表

【主要施工機具配置示意圖】				
工程項目	**機具名稱** **【最大同時操作數量】***	**聲功率位準** dB(A)	**距離**** （公尺）	**施工噪音量** dB(A)***
【例】 一、基礎工程	柴油樁錘【1】 （標準型，5.5 t）	138	120	82.4
	全套管開挖機組【1】 （低噪音型，180 PS）	104	130	50.5

工程項目	機具名稱 【最大同時操作數量】*	聲功率位準 dB(A)	距離** （公尺）	施工噪音量 dB(A)***
	…			
二、土方工程	推土機【1】 （標準型，30 t）	116	80	67.9
	挖土機【1】 （標準型，0.7 m³）	111	70	64.4
	平路機【1】	113	80	65.0
	壓路機【1】 （低噪音型，12 t）	105	80	57.0
	震動壓路機【1】 （標準型，8.0 t）	114	80	66.0
	…			
三、混凝土工程	混凝土配料機【2】	108	200	52.0
	混凝土預拌車【2】	108	80	62.9
	混凝土泵【2】	109	80	63.9
	手提式混凝土震動機	113	80	64.9
	…			
四、輔助設備	發電機【1】 （標準型，125 kVA）	109	50	67.0
	空氣壓縮機【4】 （低噪音型，5 m³/min）	100	65	60.1
	空氣壓縮機【2】 （低噪音型，15 m³/min）	102	30	67.5
	…			

註 *：最大同時操作數量係指所有可能同時操作使用之該種施工機具數目。

註 **：依營建工程噪音管制標準於工程周界外 15 公尺處或接受體敏感點量測。

註 ***：施工噪音量超過營建工程噪音管制標準者，應分別註明，並設法改善。

表三　營建工程噪音評估模式模擬結果輸出摘要表

單位：dB(A)

項目 受體名稱	現況環境背景音量	施工期間背景音量 [1]	施工作業 (1) 營建噪音	施工作業 (2) 營建噪音	施工作業 (N) 營建噪音	施工期間 [2] 最大營建噪音	施工期間 [3] 合成音量	噪音 [4] 增量	噪音管制 區類別	環境音量 標準	影響等級 [5]
敏感受體一											
敏感受體一											
…………											
敏感受體 N											

註 [1]：「施工期間背景音量」係指位於屬道路邊之敏感受體於施工目標年時，因道路交通量自然成長所推估之道路交通噪音量；若預估位屬一般地區之敏感受體背景音量變化±3dB(A)以內，則「施工期間背景音量」可與「現況環境背景音量」相同。

[2]：預估「施工期間最大營建噪音」以所有可能同時操作之作業機具施工噪音量依照下列公式加以合成。

$$PWLt = 10\log\left[\sum_{i=1}^{n}10^{\frac{PWL_i}{10}}\right]$$ ；PWLi：各作業機具聲功率位準，dB(A)。

PWLt：施工期間最大營建噪音，dB(A)。

[3]：「施工期間合成音量」＝「施工期間背景音量」⊕「施工期間最大營建噪音」。⊕表示聲音計算原理之相加。

[4]：「噪音增量」＝「施工期間合成音量」－「施工期間背景音量」（「施工期間合成音量」符合「環境音量標準」）；「噪音標準」＝「施工期間合成音量」－「環境音量標準」（「施工期間合成音量」不符合「環境音量標準」時）。

[5]：影響等級評估基準參見圖一。

[6]：必要時需附等噪音線圖。

表四 施工車輛交通噪音模擬結果輸出摘要表

單位：dB(A)

受體名稱 ＼ 項目	現況環境背景音量	無施工車輛背景噪音 [1]	施工車輛交通噪音	含施工車輛合成音量 [2]	噪音增量 [3]	噪音管制區類別	環境音量標準	影響等級 [4]
敏感受體一								
敏感受體二								
敏感受體三								
敏感受體 N								

註 [1]：「無施工車輛背景噪音」係指位屬道路邊之敏感受體因道路交通量自然成長所推估之道路交通噪音量；若預估位屬一般地區之敏感受體背景音量變化在 ±3dB(A) 以內，則「無施工車輛交通噪音」可與「現況環境背景音量」相同。

[2]：「含施工車輛合成音量」＝「無施工車輛背景噪音」⊕「施工車輛交通噪音」。⊕表示依聲音計算原理之相加。

[3]：「噪音增量」＝「施工期間合成音量」－「無施工車輛背景噪音」（「含施工車輛合成音量」符合「環境音量標準」）；「噪音增量」＝「含施工車輛合成音量」－「環境音量標準」（「含施工車輛合成音量」不符合「環境音量標準」時）。

[4]：「影響等級」參見圖一。

[5]：必要時需附等音量線圖。

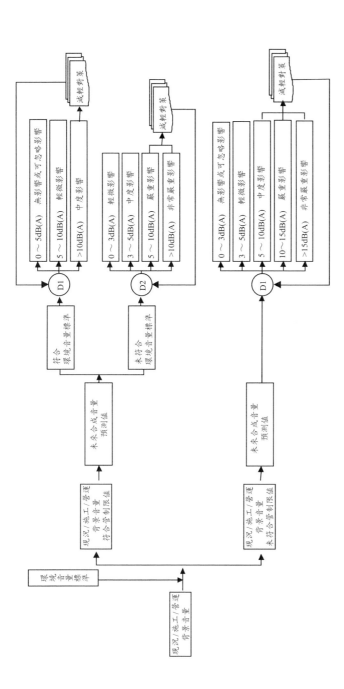

圖一 噪音影響等級評估流程

註：1. D1 未來合成音量預測值與現況／施工／營運背景音量之音量增量
　　2. D2 未來合成音量預測值與環境音量標準之音量增量
　　3. 等級劃分參考國內噪音法規、美國環保署環境影響評估準則歸類、噪音學原理及控制（蘇德勝著）、
　　　 「環境影響評估專業人員培訓講習講義噪音與振動評估」、行政院環境保護署，
　　　 黃乾全，民國 87 年 1 月。
　　4. 資料來源：黃乾全，「環境影響評估專業人員培訓講習講義噪音與振動評估」、行政院環境保護署，

附件一、營建工程施工機具聲功率位準

表 1-1 基礎工程（含擋土作業）施工機具聲功率位準

營建工程類別	施工機具	額定輸出（PS）或規格	聲功率位準 dB（A）
一、基礎工程（含擋土作業）1. 衝擊式打樁工程	柴油樁錘（標準型）	1.2 t	129
		2.5 – 6.0 t	138
	落錘（標準型）	1.5 – 7.0 t	128
	內部落錘（標準型）		113
	單動汽錘（標準型）		130
	雙動汽錘（標準型）		135
	振動式打樁機（標準型）	20 Kw	115
		30 Kw	117
		40 Kw	118
		60 Kw	121
	單動油壓錘（標準型）		126
	雙動油壓錘（標準型）		129
	拔樁機（標準型）	1.3 t	129
	柴油樁錘（低噪音型）		113
	振動式打樁機（低噪音型）		113
	落錘（低噪音型）		113
	汽錘（低噪音型）		113
2. 其他基礎工程	螺旋鑽機組（標準型）		114
	土鑽機組（標準型）	1.3 – 1.7 m (dia)	110
	抓斗式挖泥機		112
	鏈斗式挖泥機		118

營建工程類別	施工機具	額定輸出（PS）或規格	聲功率位準 dB（A）
2. 其他基礎工程	大直徑鑽孔樁旋環式鑽機		100
	大直徑鑽孔樁擺動機		115
	商用電源反旋環開挖機組		97
	柴油發電反旋環開挖機組		105
	膜牆樁，油壓拔取機		90
	膜牆樁，漿土隔濾機		105
	螺旋鑽機組（低噪音型）Earth Auger	未滿 75 PS	98
		75 PS 以上，未滿 140 PS	101
		140 PS 以上	104
	土鑽機組（低噪音型）Earth Drill	未滿 75 PS	98
		75 PS 以上，未滿 140 PS	101
		140 PS 以上	104
	全套管開挖機組（低噪音型）	未滿 75 PS	98
		75 PS 以上，未滿 140 PS	101
		140 PS 以上，未滿 210 PS	104
		210 PS 以上	107
	油壓壓入機組（低噪音型）	未滿 75 PS	98
		75 PS 以上，未滿 140 PS	101
		140 PS 以上	104

表 1-2　土方工程施工機具聲功率位準

營建工程類別	施工機具	額定輸出（PS）或規格	聲功率位準 dB(A)
二、土方工程	推土機（標準型）	4 – 10 t	107
		15 t	110
		20 t	113
		30 t	116
		40 t	119
	鏟土機（標準型）	0.4 m³	107
		1.3 – 2.2 m³	110
	挖土機（標準型）	0.4 m³	109
		0.7 m³	111
		1.0 m³	113
	動力刮運機（標準型）	16 m³	109
		22 m³	117
		25 m³	119
	牽引式刮運機（標準型）	牽引機 15 t	110
		牽引機 21 t	112
	壓路機（標準型）	0.8 – 1.1 t	106
		1.2 – 4 t	111
	震動壓路機（標準型）	0.8 – 1.1 t	106
		1.2 – 4 t	111
		6 t 以上	114
	電動手提式石渣夯實機		105
	汽油移動式夯土機		108
	震動式壓實機		105

營建工程類別	施工機具	額定輸出（PS）或規格	聲功率位準 dB(A)
二、土方工程	掘削機		107
	平路機		113
	刨路機，碾路機		111
	鋪路機		119
	裝料機		110
	推土機（低噪音型）	未滿 140 PS	102
		140 PS 以上，未滿 210 PS	105
		210 PS 以上	108
	動力鏟（低噪音型）	未滿 75 PS	95
		75 PS 以上，未滿 140 PS	98
		140 PS 以上，未滿 210 PS	101
		210 PS 以上	104
	膠輪式（履帶式）挖土機（低噪音型）	未滿 140 PS	102
		140 PS 以上，未滿 210 PS	105
		210 PS 以上	108
	壓路機（低噪音型）	3－4 t	95
		8－12 t	105
		12－28 t	106
	震動壓路機（低噪音型）	70-80 kg-w	105
		220 kg-w	109

表 1-3　拆除、破碎及鑽孔作業施工機具聲功率位準

營建工程類別	施工機具	額定輸出（PS）或規格	聲功率位準 dB (A)
三、拆除破碎及鑽孔作業	手提式混凝土破碎機（標準型）	空壓式 7.5 kg-w	116
		空壓式 20 kg-w	118
		空壓式 30 kg-w	120
		液壓式 30 kg-w	118
	大型破碎機（標準型）	空壓式 200 – 400 kg-w	124
		液壓式 600 kg-w	122
	鋼球	1.5 – 2 t	111
	汽油式混凝土切割機（開槽機）	80 cm	114
	手提式電鑽（磨）機		98
	手提式撞擊電鑽		103
	手提式氣動石鑽		116
	履帶式油壓石鑽		123
	履帶式氣動石鑽		128
	混凝土鑽取機		117
	手提式氣動剁暫機		112
	手提式混凝土破碎機（低噪音型）	未滿 10 kg-w	108
		10 kg-w 以上，未滿 20 kg-w	108
		20 kg-w 以上，未滿 35 kg-w	111
		35 kg-w 以上	114

營建工程類別	施工機具	額定輸出（PS）或規格	聲功率位準 dB (A)
三、拆除破碎及鑽孔作業	混凝土壓碎機組（低噪音型）	未滿 75 PS	95
		75 PS 以上，未滿 140 PS	98
		140 PS 以上，未滿 210 PS	101
		210 PS 以上	104

表 1-4 混凝土工程施工機具聲功率位準

營建工程類別	施工機具	額定輸出（PS）或規格	聲功率位準 dB (A)
四、混凝土工程	混凝土配料機		108
	混凝土拌合機	$60 \text{ m}^3 / \text{h}$	100
	瀝青拌合機	$105 \text{ t} / \text{h}$	107
	混凝土預拌車	$4.5 - 6.3 \text{ m}^3$	108
	混凝土泵浦	$60 \text{ m}^3 / \text{h}$	109
	手提式混凝土震動機		113
	瀝青鋪面機		109

表 1-5 吊掛作業施工機具聲功率位準

營建工程類別	施工機具	額定輸出（PS）或規格	聲功率位準 dB (A)
五、吊掛作業	履帶式吊車，膠輪式吊車（低噪音型）	未滿 75 PS	98
		75 PS 以上，未滿 140 PS	101
		140 PS 以上，未滿 210 PS	104
		210 PS 以上	107

營建工程類別	施工機具	額定輸出（PS）或規格	聲功率位準 dB (A)
五、吊掛作業	門型起重機		103
	電動絞車		95
	汽油絞車		102
	氣動絞車		110
	電動提昇機		95
	油壓提昇機		104
	氣壓提昇機		108
	電動塔式起重機		95
	躉船吊機		104

表 1-6　工程作業輔助設備聲功率位準

營建工程類別	施工機具	額定輸出（PS）或規格	聲功率位準 dB (A)
六、輔助設備	手提式油壓動力供應器		100
	抽水泵（標準型）		114
	抽水泵（低噪音型）		102
	電動深水泵		87
	汽油深水泵		103
	抽氣扇		108
	柴油發電機（標準型）	30 Kva	105
		65 Kva	106
		125 Kva	109
		175 Kva	112
	空氣壓縮機（標準型）	$3.5 - 5 \, m^3 / min$	107
		$10 - 17 \, m^3 / min$	113

營建工程類別	施工機具	額定輸出（PS）或規格	聲功率位準 dB（A）
六、輔助設備	發電機（低噪音型）	未滿 75 PS	95
		75 PS 以上，未滿 140 PS	98
		140 PS 以上，未滿 210 PS	101
		210 PS 以上	104
	空氣壓縮機（低噪音型）	未滿 10 m³ / min	100
		10 m³ / min 以上，未滿 30 m³ / min	102
		30 m³ / min 以上	104

表 1-7　運輸、傾卸車輛設備聲功率位準

營建工程類別	施工機具	額定輸出（PS）或規格	聲功率位準 dB（A）
七、運輸、傾卸車輛設備	傾卸卡車	11 t	109
		32 t	113
	膠輪式裝載車	3.9 m³	106
		4.7 – 7.7 m³	112
	卸土機		106
	卸土車		117
	拖拉機		118
	拖船		110

表 1-8　其他工程作業施工機具聲功率位準

營建工程類別	施工機具	額定輸出（PS）或規格	聲功率位準 dB（A）
八、其他	輸送帶		90
	電焊槍		90
	畫線機		90
	鋼筋彎曲機及切割機		90
	圓形木鋸		108
	手提式鏈鋸		114
	電動手提式木鉋床		117
	金卯釘機		125
	衝擊板手		117

附件二、SoundPLAN 營建工程噪音評估模式使用指南（施工機具噪音）

一、模式的適用性

（一）施工機具類型：無特殊限制

（二）音源種類：1. 點音源

2. 線音源

3. 面音源

（三）評估位置：無特定位置

（四）評估指標：均能音量（Leq）

（五）其他：無

二、模式基本限制

（一）噪音量：無特殊限制

（二）頻譜：無特殊限制

（三）其他：無

三、模式內容

（一）模式種類：電腦軟體模式

（二）模式說明：

SoundPLAN 模式能較經驗模式更準確預測噪音量，且能同時預測施工機具、施工車輛及環境等三項影響噪音之特性，即可將施工機具、施工車輛及環境等資料一起輸入電腦中，計算噪音敏感點之音量及繪製彩色等噪音線圖。此外，對於超出法規標準之地區，亦可進行隔音牆設計，施工機具噪音量之預測只是 SoundPLAN 模式功能的一部份。SoundPLAN 模式中有 INFACIL 子程式，用以預測施工機具噪音量，其所需輸入之資料包括施工機具之位置及高程、其屬於點線或面音源、聲功率位準（Sound Power Level）、噪音源之主要頻率或八音階頻譜聲功率位準（Octave Spectrum Sound Power Level）、施工機具距地面高程、施工機具操作時段、八音階頻譜方向性等詳細資料。

（三）模式輸入資料：參見表 2-1。

（四）模式輸出資料：參表二～表四。

四、模式來源

德國 Braunstein + Berndt GMBH 公司

表 2-1　SoundPLAN 營建工程噪音模式施工機具噪音輸入參數摘要表

五、施工機具音源

1. 音源特性：_____（點、線或面音源）

2. 主要頻率或頻譜聲功率位準：___63___ Hz，_____ dB(A)

（機具多部者需以附表表示）___125___ Hz，_____ dB(A)

___250___ Hz，_____ dB(A)

500	Hz，	_____ dB(A)
1000	Hz，	_____ dB(A)
2000	Hz，	_____ dB(A)
4000	Hz，	_____ dB(A)
8000	Hz，	_____ dB(A)

3. 施工機具操作時段：_____ 時至 _____ 時

（機具多部者可併第 2 項以附表表示）

4. 施工機具與地面高程差：_____ 公尺

（機具多部者可併第 2 項以附表表示）

5. 八音頻譜方向性：_____

（機具多部者可併第 2 項以附表表示）

施工機具主要頻譜聲功率位準及與地面高差表

機具名稱	操作時段	數量	聲功率位準 dB(A)	音源主要頻率 Hz	與地面高差 （公尺）	八音頻譜 方向性

註：1. 施工機具若無實測頻譜值，主要譜率參考值為 500Hz。
　　2. 施工機具若無實測方向性值，參考值可保守推估為無方向性。

附件三、Cadna-A 營建工程噪音預測評估模式使用指南

一、模式的適用性

（一）施工機具類型：無特殊限制

（二）音源種類：1. 點音源

2. 線音源

3. 平面及垂直面音源

4. 施工車輛

（三）評估位置：無特定位置

（四）評估指標：小時均能音量（Leq）、最大音量（Lmax）

六、模式基本限制

（一）噪音量：可輸入 Lin 、A 、B 、C 、D 等頻率加權特性不同
頻帶（31.5Hz 、63Hz 、125Hz 、250Hz 、500Hz 、1000Hz 、
2000Hz 、4000Hz 、8000Hz 等）之聲功率噪音位準。

（二）頻譜：無特殊限制；

（三）其他：無

七、模式內容

（一）模式種類：電腦軟體模式。

（二）模式說明：

營建噪音預測評估模式為德國 DataKustik 公司依 RLS-90、ISO
9613 及相關戶外聲學原理（VDI2714、VDI2720 及 VDI2751 等）
所發展之模組，亦為Cadna-A 之子程式，屬 32 位元視窗版軟體，
作業環境為 WINDOWS 95、WINDOWS 98 或 WINDOWS NT。

一施工機具營建噪音預測

輸入施工機具、操作時間、敏感點、環境屬性、噪音防治
設施（隧道內襯吸音性）等物件之屬性資料後，程式將依

據 ISO 9613 及相關戶外聲學原理（VDI2714、VDI2720 及 VDI2751 等）進行計算，輸出結果包括有無噪音防制措施前後之敏感受體預測點小時均能音量及水平、垂直等噪音線圖。

— 施工車輛交通噪音預測

輸入運輸道路（包括高速公路、快速公路、主要幹道、次要幹道及地區公路）、交通量、敏感點等物件之屬性資料後，程式將依據 RLS-90 及相關規範（ISO 1913、DIN18005-1、VDI2714、VDI2720 及 VDI2751 等）進行計算，輸出結果包括敏感受體預測點小時均能音量及水平、垂直等噪音線圖。

針對路邊環境及交通路況較單純之直線道路，可使 Long Straight Road 子程式輸入較少參數進行計算。

（三）模式輸入資料：參見表 3-1。

（四）模式輸出資料：參見表二～表四。

八、模式來源

德國 DataKustik 公司（http://www.datakustik.de）

表 3-1　Cadna-A 營建噪音預測評估模式輸入參數摘要表

一、運輸道路

1. 車道數／路寬（兩側最外車道中心線間距離）＿＿＿＿公尺

2. 幾何特性（位置、高程、縱向／橫向坡度）＿＿＿＿

3. 鋪面材料＿＿＿＿

4. 建築物反射修正值：＿＿＿＿分貝

5. 車速：施工車輛及大型車＿＿＿＿公里／小時，小型車＿＿＿＿公里／小時

6. 交通量：施工車輛及大型車大型車＿＿＿＿輛／小時，小型車＿＿＿＿＿輛／小時

7. 交通號誌或交叉路口分佈：＿＿＿＿＿（有、無）

二、營建噪音源

　　1. 音源種類：點音源、水平面音源或垂直面音源

　　2. 座標（位置、高程、高度）

　　3. 聲功率噪音位準，＿＿＿＿＿分貝

　　4. 機具操作時間

　　5. 減音措施減音量修正值：＿＿＿＿＿分貝

三、環境屬性

　　1. 地形（位置、高程）＿＿＿＿＿

　　2. 地物／建物（位置、高程、高度、穿透損失、吸音係數）＿＿＿＿

　　3. 植被（位置、高程、高度、穿透損失、吸音係數）＿＿＿＿

　　4. 地面吸收（位置、高程、吸音係數）＿＿＿＿

四、敏感受體

　　1. 座標（位置、高程、高度）＿＿＿＿＿

　　2. 環境音量標準＿＿＿＿＿

五、隔音設施

　　1. 設施種類（隔音牆／土堤）＿＿＿＿＿

　　2. 隔音牆（位置、高程、高度、穿透損失、吸音係數）＿＿＿＿

　　3. 費用＿＿＿＿＿（隔音牆：元／平方公尺）

附件四、黃榮村噪音評估模式使用指南（施工車輛噪音）

九、模式的適用性

　　（一）道路類型：高速公路、快速公路、主要幹道、次要幹道及地區
　　　　　公路。

（二）音源種類：施工卡車

（三）評估位置：車道側 1 公尺，高 1.2 公尺處。

（四）評估指標：Leq

（五）其他：（有）、無

十、模式基本限制

（一）交通量：每小時總車輛數需在 40 車次以上

（二）速率：車輛行駛速率需在 40 公里／小時以下

（三）其他：總車道數不得超過八車道

十一、模式內容

（一）模式種類：經驗模式。

（二）模式說明：

$$L'_{eq(1hr)} = 10\text{Log}\frac{1}{3600}[(3600 - TN)\cdot 10^{Leq/10} + TN\cdot 10^{Lc/10}] \qquad \text{【公式一】}$$

$$L'_{eq} = 10\text{Log}\frac{1}{m}\Sigma_{10}L'_{eq}(1hr) \qquad \text{【公式二】}$$

$$L'_日 = 10\text{Log}\frac{1}{m}[m\times 10^{L'_{eq}/10} + (13-m)\times 10^{Leq/10}] \qquad \text{【公式三】}$$

$$\Delta L_日 = L'_日 - L_日 \qquad \text{【公式四】}$$

先由【公式一】求得施工時段每小時之 $L'_{eq(1hr)}$；

代入【公式二】求施工車輛之小時換算噪音位準 L'_{eq}；

再代入【公式三】計算換算後之道路日間時段小時噪音量 $L'_日$；

最後代入【公式四】可求出因施工車輛經過所增加之噪音量$\Delta L_日$。

式中：

L_{eq}：施工時間背景音量平均值。

L_c：施工卡車於距道路邊緣一公尺處之噪音位準，為 90dB(A)。

3600：表示每小時之噪音量測數目，每隔 1 秒鐘量測一次。

T：表示施工卡車每次通過之影響延時（Time Delay Effect）。

即假設施工卡車以 40 公里／小時車速行駛，影響寬度約 100m，則影響延時約爲 3600×0.10/40=9，建議取 10 秒，其值可視車速調整。

N：表示每小時通過之施工卡車數目（輛／小時）。

m：日間施工時間。

13：表 L 日之時段爲 07：00 ～ 20：00，共 13 小時。

13-m：日間不施工時間。

$L_日$：道路實測之日間時段小時噪音量。

（三）模式輸出資料：參見表四。

十二、模式來源

黃榮村，「環境影響評估訓練班講義」，行政院衛生署環保局，民國 76 年。

附件五、SoundPLAN 噪音評估模式使用指南（施工車輛噪音）

十三、模式的適用性

（一）道路類型：高速公路、快速公路、主要幹道、次要幹道及地區公路。

（二）音源種類：1. 車輛數及大型車比例

　　　　　　　　2. 分爲大型車、小客車（機車及聯結車需以小型車或大型車之當量數輸入）

（三）評估位置：無特定位置

（四）評估指標：均能音量（Leq）

（五）其他：無

十四、模式基本限制

（一）交通量：無數量上的限制

（二）速率：無特殊限制

（三）其他：無

十五、模式內容

（四）模式種類：電腦軟體模式

（五）模式說明：

SoundPLAN 模式能較經驗模式更準確預測噪音量，且能同時預測車輛、交通、道路及環境等四項影響道路交通噪音之特性，即可將車輛、交通、道路及環境等資料一起輸入電腦中，計算噪音敏感點之音量及繪製彩色等噪音線圖。此外，對於超出法規標準之地區，亦可進行隔音牆設計，道路噪音預測只是 SoundPLAN 模式功能的一部份。SoundPLAN 模式中有 RLS 90 及 L'S Road 兩個子程式，用以預測噪音量，其中 RLS 90 程式，所需輸入之資料包括車速、車輛種類、最外側車道間距離、路面特性（柏油、碎石等）、交通號誌、路面縱剖面斜度、高程及敏感受體點之位置等詳細資料。L'S Road 程式係在道路屬筆直道路，且路面無高低起伏甚大，路況較單純時使用，其好處是 L'S Road 程式中所需輸入之資料較易取得且簡單，故 L'S Road 程式比 RLS 90 能在較短的時間內獲得噪音預測值，並可計算出符合音量標準時所需之隔音牆高度。

（六）模式輸入資料：參見表 5-1。

（七）模式輸出資料：參見表四。

十六、模式來源

德國 Braunstein + Berndt GMBH 公司。

表 5-1　SoundPLAN 噪音模式施工車輛噪音輸入參數摘要表

一、道路音源

　　1. 車速：大型車_____公里／小時，小型車_____公里／小時

　　2. 交通量：大型車_____輛／小時，小型車_____輛／小時

　　　（其中聯結車／大型車之當量＝_____

　　　機車／小型車之當量＝_____）

　　3. 路面縱向坡度：_____％

　　4. 路面種類：_____

　　5. 建築物反射修正值：_____分貝

二、道路構造

　　1. 車道數：_____車道

　　2. 每車道寬度：_____公尺

　　3. 道路橫向坡度：_____％

　　4. 交通號誌或交叉路口分佈：_____（有、無）

附件六、模式校估

一、驗證流程

　　依道路類別高速公路、快速公路及主要幹道、次要幹道及地區公路，並分其構造型態選擇建議之道路交通評估模式進行模式驗証，依各模式之輸入參數作為調查項目，進行實測，再經分析驗証模式之可用性，其流程如圖 6-1。

二、校估方法

(一) 樣本時數：調查時所需之時數如下表：

時段區分	早	日間	晚	夜間
時數	2	13	2	7

註：時段區分定義為早 ：指上午五時至上午七時前
　　　　　　　　晚 ：指晚上八時至晚上十時前
　　　　　　　日間：指上午七時至晚上八時前
　　　　　　　夜間：零時至上午五時前及同日晚上十時至晚上
　　　　　　　　　　十二時前

(二) 精度：平均均能音量（Leq）在 ±3dB（此精度為實測值與模式
　　　計算值之差異）

(三) 指標：均能音量（Leq）

(四) 校估流程（參見圖 6-2）

　　・第一步驟：實測均能音量（Leq）與模式均能音量（Leq）比較，
　　　　若其兩者之差絕對值小於等於 3dB，則此模式可用；否則進
　　　　行至第二步驟。

　　・第二步驟：比較其模式之常數項值與實測值之 L_{90}。

　　・第三步驟：修正其模式。

　　・第四步驟：計算修正後模式之均能音量（Leq）。

　　・第五步驟：比較其修正後模式之均能音量（Leq）與實測值之
　　　　均能音量（Leq），若相差在 3dB 內，則可以使用此修正後模
　　　　式；否則放棄此模式。

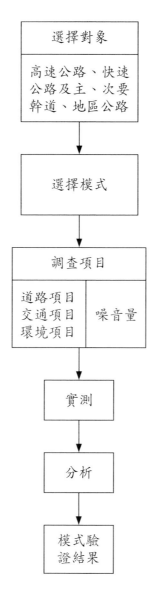

圖 6-1　模式驗証流程

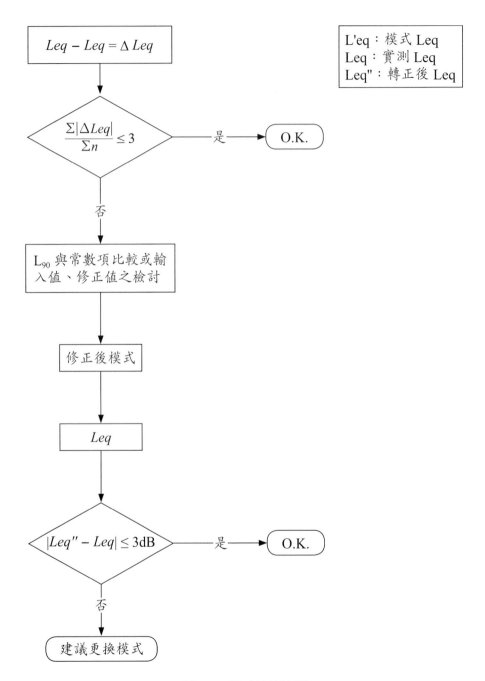

圖 6-2　模式校估流程

三、實例說明

（五）實測地點：位於信義路五段，位置如下圖所示：

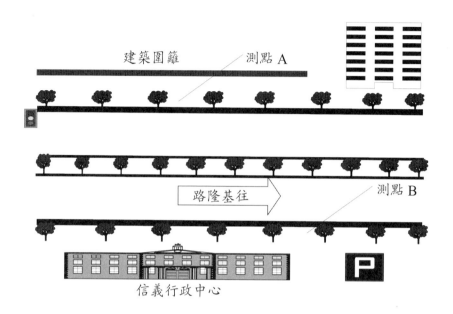

建築圍籬　　　測點 A

路隆基往　　　測點 B

信義行政中心

（六）調查儀器：Cirrus 700 噪音計兩部

（七）調查方式：觀測點設於距離道路中心 16 公尺處，高度 1.5 公尺，連續監測 8 小時（11:20-19:20, Sep. 26. 2000）

（八）儀器設定：Weighting: A; Time Basis: 500 ms; Min-Max; 50 ～ 110dB(A)

（九）實測結果：

表 6-1　測點 A 之交通噪音實測值

單位：dB(A)

偵測時間	均能音量 Leq	最小音量 Lmin	最大音量 Lmax
11:20-12:20	71	56.2	95.3
12:20-13:20	70.6	55.7	89.6
13:20-14:20	69.7	56.7	85.8
14:20-15:20	70.5	41.2	85.1
15:20-16:20	71.5	58.4	87.5
16:20-17:20	75.1	58.1	99.2
17:20-18:20	74.8	57.5	90.0
18:20-19:20	74.7	58.1	99.2
平均值	72.8	41.2	99.2

表 6-2　測點 B 之交通噪音實測值

單位：dB(A)

偵測時間	均能音量 Leq	最小音量 Lmin	最大音量 Lmax
11:20-12:20	74.2	57.7	92.3
12:20-13:20	74.5	55.5	98.9
13:20-14:20	74.5	57.8	90.9
14:20-15:20	74.6	59.0	93.6
15:20-16:20	75.2	58.8	92.5
16:20-17:20	76	58.8	100.3
17:20-18:20	75.6	58.3	93.7
18:20-19:20	75.1	57.9	94.4
平均值	75.0	55.5	100.3

（十）驗證：分別利用施鴻志經驗模式、張富南模式、Sound Plan 與
Cadna-A 進行預測，所得結果如下：

➢施鴻志模式：

$$Leq = 69.6 - 19.0LogD + 0.55Pt + 7.2LogQ + 2.5RF$$

表 6-3 施鴻志模式預測值與實測值比較表

單位：dB(A)

施鴻志模式	測點 A	測點 B	與測點 A 之誤差	與測點 B 之誤差
72.2	71	74.2	1.2	-2.0
72.1	70.6	74.5	1.5	-2.4
72.5	69.7	74.5	2.8	-2.0
72.7	70.5	74.6	2.2	-1.9
72.8	71.5	75.2	1.3	-2.4
73.0	75.1	76	-2.1	-3.0
73.6	74.8	75.6	-1.2	-2.0
73.2	74.7	75.1	-1.5	-1.9

➢張富南模式：

$$Leq = 38.1 + 12.3LogQ + 0.247PT + 2.22RF$$

表 6-4 張富南模式預測值與實測值比較表

單位：dB(A)

張富南模式	測點 A	測點 B	與測點 A 之誤差	與測點 B 之誤差
78.0	71.0	74.2	7.0	3.8
78.1	70.6	74.5	7.5	3.6
78.7	69.7	74.5	9.0	4.2

張富南模式	測點 A	測點 B	與測點 A 之誤差	與測點 B 之誤差
78.8	70.5	74.6	8.3	4.2
78.8	71.5	75.2	7.3	3.6
78.6	75.1	76	3.5	2.6
78.9	74.8	75.6	4.1	3.3
78.6	74.7	75.1	3.9	3.5

註：上述模式之平均誤差雖然超過 3dB，但經過模式係數校正後，結果仍在接受範圍內。

➤ Sound Plan and Cadna-A：

1. 以單一道路方式預測

2.『使用 RLS90 子程式』

3. 使用交通量及大型車比例方式計算，車速採用 40 公里／小時

信義路五段（松智路與松仁路之間）
路寬 30 公尺，路肩 3 公尺
雙向 6 車道，每車道寬 3.5 公尺
中央分隔島假設寬 3 公尺

預測點
高度：1.5 公尺
距路邊 1 公尺，即距路中心線 16 公尺

表 6-5 電腦預測模式與實測值比較表

單位：dB(A)

時段	大型車數	交通量	大型車比	A點實測值	B點實測值	Cadna-A 預估值	與測點 A 之誤差值	與測點 B 之誤差值	SoundPLAN 預估值	與測點 A 之誤差值	與測點 B 之誤差值
11:20-12:20	104	2900	3.6%	71.0	74.2	71.5	+0.5	-2.7	72.1	+1.1	-2.1
12:20-13:20	128	2827	4.5%	70.6	74.5	71.8	+1.2	-2.7	72.4	+1.8	-2.1
13:20-14:20	115	3138	3.7%	69.7	74.5	71.9	+2.2	-2.6	72.4	+2.7	-2.1
14:20-15:00	127	3401	3.7%	70.5	74.6	72.2	+1.7	-2.4	72.8	+2.3	-1.8
15:20-16:20	147	3513	4.2%	71.5	75.2	72.6	+1.1	-2.6	73.2	+1.7	-2.0
16:20-17:20	143	3746	3.8%	75.1	76.0	72.7	-2.4	-3.3	73.3	-1.8	-2.7
17:20-18:20	141	4527	3.1%	74.8	75.6	73.1	-1.7	-2.5	73.7	-1.1	-1.9
18:20-19:20	124	4024	3.1%	74.7	75.1	72.6	-2.1	-2.5	73.2	-1.5	-1.9

附錄 C-2

鐵路交通噪音評估模式技術規範

（92.1.9 環署綜字第 0920002576 號公告）

一、依據開發行為環境影響評估作業準則第四十九條規定訂定之。

二、辦理環境影響評估作業時，鐵路交通噪音評估模式之使用，應依本規範之規定辦理，本規範未規定者，依其他相關法令辦理。

三、鐵路交通噪音評估模式之使用，應考量以下各項因素：

（十）開發行為及區位環境之特性。

（十一）鐵路類型及交通條件。

（十二）模式之限制條件。

四、本規範現階段認可之噪音模式及其適用條件如表一，得適時增修訂：

表一、模式及其適用條件表

鐵路分類	模式名稱	備註
一般鐵路	郭宏亮鐵路交通噪音預測模式	附件一
	SoundPlan 噪音評估模式	附件二
	Cadna-A 噪音評估模式	附件三
	MITHRA 噪音評估模式	附件四
大眾捷運系統	SoundPlan 噪音評估模式	附件二
	Cadna-A 噪音評估模式	附件三
	MITHRA 噪音評估模式	附件四
	Peterson 修正模式	附件五

五、選用第四點表一之模式時，應先進行模式中相關參數之校估，校估之誤差值應小於 $\pm3dB(A)$ 否則應修正參數值或更換模式後始得使用，

模式校估方式參考附件六。

六、選用第四點以外之其他模式時，應於環境影響說明書或評估書中檢附以下各項資料：

(1) 模式或模式說明。

(2) 國內或國外個案模式及模擬結果。

(3) 與第四點認可模式之比對結果。

七、鐵路交通噪音模式所需之資料包括路線基本資料、軌道結構、沿線地形及地物分布、敏感受體地標、列車車種、營運車班及行車時間、監測資料、模式控制參數等，其作業詳見附件模式使用指南。

八、依鐵路交通噪音模式模擬之結果表達方式如表二所示，並應將以下各項納入環境影響說明書或環境影響評估報告書中：

（一）評估資料中必須包括路線、沿線地形及地物分布，敏感受體地標與各評估要項之相關位置圖。

（二）列車車種、車廂長度及數量等列車相關資料。

（三）行車班次、發車時間或時距、車速等營運相關資料。

（四）氣象資料。

（五）噪音模擬結果。

（六）其他相關資料。

前項資料之作業，應檢附清冊，並檢附輸入程式檔、輸出檔等電腦磁片，必要時應提出資料檔。

九、本規範於公告後施行。

表二 噪音評估模式鐵路噪音 [1] 模擬結果輸出摘要表

單位：dB(A)

項目受體名稱	現況環境音量 背景音量	營運期間 背景音量 [2]	營運期間 鐵路噪音	營運期間 合成音量 [3]	噪音增量 [4]	噪音管制 區類別	環境音量 標準	影響等級 [5]
敏感受體一								
敏感受體二								
敏感受體三								
敏感受體 N								

註：

[1]：鐵路交通噪音係指由一般鐵路、高速鐵路及大眾捷運系統等公共運具所產生之噪音。

[2]：「營運期間背景音量」係指位屬上述公共運輸系統沿線邊地區之敏感地區（包括鐵路噪音、道路噪音及其他噪音源）各別背景音之總和，於營運目標年主要環境噪音源發行為。若預期位屬一般地區之敏感受體營運期間背景音量變化在±3dB(A)以內，則「營運期間鐵路噪音」視為與「現況環境背景音量」相同。

[3]：「營運期間合成音量」=「營運期間背景音量」⊕「營運期間鐵路噪音」，其中⊕表示依聲學計算原理之相加。

[4]：「噪音增量」D1=「營運期間合成音量」-「營運期間背景音量」
（「營運期間合成音量」符合「環境音量標準」時）；
「噪音增量」D2=「營運期間合成音量」-「環境音量標準」
（「營運期間合成音量」不符合「環境音量標準」時）。

[5]：「影響等級」參見圖一。

[6]：必要時需附等架音線圖。

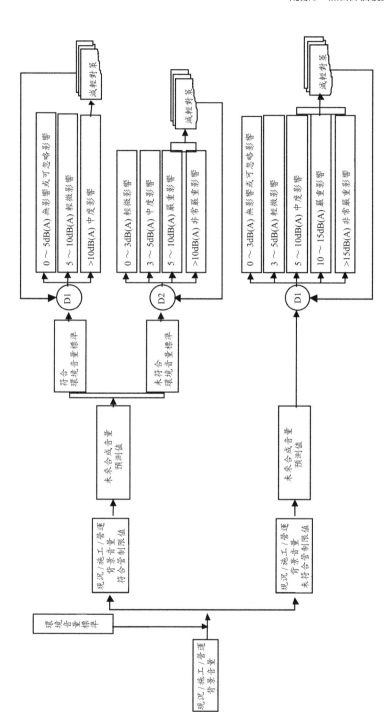

圖一　噪音影響等級評估流程

註：1.D1 未來合成音量預測值與現況／施工／營運背景音量之噪音增量
　　2.D2 未來合成音量預測值與環境音量標準之噪音增量
　　3.等級劃分參考國內噪音管制法規、美國環保署環境影響評估準則歸類、噪音學原理及控制（蘇德勝著）。
　　4.資料來源：黃乾全，噪音與振動評估「環境影響評估專業技術人員培訓講習」，行政院環境保護署，民國 87 年 1 月。

附件一：郭宏亮鐵路交通噪音預測模式使用指南

1. 模式的適用性

   鐵路類型：一般鐵路

   污染源種類：一般列車

   評估位置：距離近端軌道中心線十五公尺處

   評估指標：L_{Aeq}

   其他：無

2. 模式基本限制

   無

3. 模式內容

   模式種類：經驗模式

   $$L_{Aeq(1hr)} = \overline{L}_{A\max(1hr)} + 10\log N - A$$

   $$\overline{L}_{A\max(1hr)} = 10\log\left\{\frac{1}{N}\left(n_{近} \cdot 10^{\frac{\overline{L}_{A\max(1hr)近}}{10}} + n_{遠} \cdot 10^{\frac{\overline{L}_{A\max(1hr)遠}}{10}}\right)\right\}$$

   $$\overline{L}_{A\max(1hr)近} = 10\log\frac{1}{n_{近}}\Sigma\,10^{\frac{L_{A\max 近}}{10}}$$

   $$\overline{L}_{A\max(1hr)遠} = 10\log\frac{1}{n_{遠}}\Sigma\,10^{\frac{L_{A\max 遠}}{10}}$$

   式中：

   $L_{Aeq(1hr)}$：1 小時內之平均經過音量

   $n_{近}$：1 小時內近端列車數

   $n_{遠}$：1 小時內遠端列車數

   N：1 小時內總列車數

   $\overline{L}_{A\max(1hr)近}$：1 小時內通過列車 $L_{A\max 近}$ 之平均值

   $\overline{L}_{A\max(1hr)遠}$：1 小時內通過列車 $L_{A\max 遠}$ 之平均值

   $L_{A\max 近}$：1 小時內近端各種列車單獨之噪音位準最大值

$L_{A\max 遠}$：1 小時內遠端各種列車單獨之噪音位準最大值

A：模式參數，建議值為 28 ～ 30，如 $L_{A\max}$ 實測值代入計算之 $L_{Aeq(1hr)}$ 與
　　實際值之 $L_{Aeq(1hr)}$ 之差異在 ±3dB(A) 以上時，自行修改參數值。

請參考中華民國環境保護協會會誌 Vol.24，NO.2

模式輸入輸出資料：詳表附 1-1。

4. 模式來源：郭宏亮、盧天鴻：「鐵路交通噪音 $L_{eq(1hr)}$ 預測之檢討」中華
民國環境保護協會會誌 Vol.24, NO.2, PP.156-163(2001)

表附 1-1　模式輸入輸出資料表

輸入資料			
近端每一小時	$\overline{L}_{A\max(1hr)近}$	遠端每一小時	$\overline{L}_{A\max(1hr)近}$
列車數 $n_{近}$		列車數 $n_{遠}$	

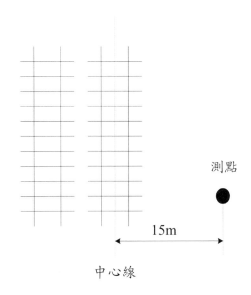

圖附 1-1　測點位置示意圖

附件二：SoundPlan 噪音評估模式使用指南

1. 模式的適用性

鐵路類型：高速鐵路、一般鐵路、大眾捷運系統

污染源種類：(1) 高速列車

　　　　　　(2) 一般列車

　　　　　　(3) 捷運列車

評估位置：無特定位置

評估指標：L_{eq}

其他：無

2. 模式基本限制

無

3. 模式內容

模式種類：電腦軟體模式

模式說明：SoundPlan 模式是依據 Schall03（German Federal Railroad）發展出來的，SoundPlan 模式中有鐵路噪音（Railroad）子程式，可計算列車所經地區之噪音敏感點音量。此外，對於超出法規標準之地區，亦可進行隔音牆設計，鐵道噪音預測只是 SoundPlan 模式功能的一部份。SoundPlan 模式 Railroad 子程式，預測鐵路噪音量所需輸入之音源資料包括列車之車種修正值、碟煞之百分比修正值、列車總長修正值、列車速率修正值、軌道種類修正值、高架橋路段之修正值、平交道修正值、迴旋半徑修正值及受音點位置等詳細資料。

依照公式 $L_{eq} = 10 \times \log\left[\Sigma\, 10^{0.1 \times (51 + D_{FZ} + D_D + D_L + D_V)}\right] + D_{Ti} + D_{Br} + D_{Lc} + D_{Ra}$

獲得噪音敏感點音量預測值，並可計算出符合音量標準時所需之隔音牆高度。

式中 51dB 為一列火車之基本噪音值

D_{FZ}：列車車種之修正值＿＿＿＿＿dB

D_D：碟煞之百分比修正值＿＿＿＿＿dB

D_L：列車總長修正值＿＿＿＿＿dB

D_V：列車速率修正值＿＿＿＿＿dB

D_{Tt}：軌道種類修正值＿＿＿＿＿dB

D_{Br}：高架橋路段之修正值＿＿＿＿＿dB

D_{Lc}：平交道修正值＿＿＿＿＿dB

D_{Ra}：迴旋半徑修正值＿＿＿＿＿dB

模式輸入資料：詳表附 2-1。

模式輸出資料：詳表附 2-2。

4. 模式來源：德國 Braunstein + Berndt GMBH 公司。

表附 2-1　SoundPlan 模式針對鐵路噪音模式輸入摘要表

版次：
一、音源
1. D_{FZ}：列車車種之修正值＿＿＿＿＿dB
2. P：碟煞之百分比＿＿＿＿％
3. L：列車總長＿＿＿＿公尺
4. V：列車速率＿＿＿＿公里／小時
5. D_{Tt}：軌道種類修正值＿＿＿＿＿dB
6. D_{Br}：高架橋路段之修正值＿＿＿＿＿dB
7. D_{Lc}：平交道修正值＿＿＿＿＿dB
8. D_{Ra}：迴旋半徑修正值＿＿＿＿＿dB
9. F：車次＿＿＿＿車次／小時
二、鐵道構造
1. 幾何位置
2. 軌面寬度：＿＿＿＿公尺
3. 路面高度：＿＿＿＿公尺
三、隔音牆幾何位置

表附 2-2　SoundPlan 模式針對鐵路噪音交通模擬結果輸出摘要表

單位：dB(A)

項目＼測站	（例）鐵路邊某社區	....	....	....	....
目前背景音量					
預估營運期間背景音量					
營運期間列車行駛噪音					
預估營運期間合成音量值					
噪音增量 *					
噪音管制區類別					
環境音量標準					

註：重大交通建設需附等噪音線圖
．噪音增量之定義參見 p.3

附件三：Cadna-A 噪音評估模式使用指南

一、適用性

．鐵路類型：一般鐵路、高速鐵路、大眾捷運系統、隧道口

．污染源種類：1. 模式系統列車資料庫：

表附 3-1　模式系統列車資料庫

簡稱	列車種類	碟煞百分比 (%)	速度（km/h）	長度（m）
ICE	InterCity Express	100	250	420
EC	EuroCity/InterCity	100	200	340
IR	Interregio	100	200	205
D	D/FD-Zug	30	160	340

簡稱	列車種類	碟煞百分比(%)	速度（km/h）	長度（m）
E	Eilzug	20	140	205
N	Nahverkehrszug	20	120	150
S	S-Bahn (Triebzug)	100	120	130
SB	S-Bahn Berlin	100	100	70
SH	S-Bahn Hamburg	100	100	130
SRR	S-Bahn Rhein-Ruhr	100	120	120
G	Gutererzug (Fernv.)	0	100	500
GN	Gutererzug (Nahv.)	0	90	200
U	U-Bahn	100	80	80
STR	Straßenbahn	100	60	25
TR1	Transrapid 07/1	0	400	150
TR2	Transrapid 07/2	0	400	150

　　　　　2. 使用者亦可自行依實際列車種類及行駛狀況建立專
　　　　案資料庫。

　‧評估位置：無特定位置

　‧評估指標：小時均能音量 L_{Aeq}（1hr）

二、基本限制

　‧交通量：無數量上之限制

　‧速率：無特殊限制

　‧其他：無

三、模式內容

　‧模式種類：軟體模式。

　‧模式說明：

　　此道路噪音預測電腦模式為德國 DataKustik 公司依德國鐵路噪音

計算規範 Schall03 所發展之模式，亦爲 Cadna-A 之子程式，屬 32 位元視窗版軟體，作業環境爲 WINDOWS 95、WINDOWS 98 或 WINDOWS NT。

一計算式

$$L_{m.E} = 10 \times \log \left[\sum_i 10^{0.1 \times (51 + D_{FZ} + D_D + D_L + D_V)} \right] + D_{Fb} + D_{Br} + D_{Bc} + D_{Ra}$$

式中各音量修正參數表示如下：

$L_{m, E}$：距軌道 25 公尺高 3.5 公尺處之列車噪音參考值＿＿＿＿dB

D_{FE}：列車種類修正值＿＿＿＿dB

D_D：碟式煞車百分比修正值＿＿＿＿dB

D_L：列車長度修正值＿＿＿＿dB

D_V：車速修正值＿＿＿＿dB

D_{Fb}：軌道種類修正值＿＿＿＿dB

D_{Br}：高架橋或橋梁路段之修正值＿＿＿＿dB

D_{Bc}：平交道修正值＿＿＿＿dB

D_{Ra}：軌道曲率修正值＿＿＿＿dB

$$L_{r.k} = L_{m, E.k} + 19.2 + 10 \times \log(l_k) + D_{l.K} + D_{s, k} + D_{L k} + D_{BM, k} + D_{Korr, k} + S$$

式中　$L_{r.k}$：單一區段至預測點音壓位準，dB(A)

　　　$L_{m, E, k}$：距軌道 25 公尺高 3.5 公尺處之列車噪音參考值，dB

　　　l_k：音源單一區段長度

　　　$D_{l, k}$：大氣吸收調整修正值＿＿＿＿dB

　　　$D_{s, k}$：音源至預測點距離之修正參數

　　　$D_{L, k}$：音源方向調整

　　　$D_{BM, k}$：地表吸收調整

　　　$D_{Korr, k}$：障礙物調整

　　　S：其他調整因子

—鐵路邊地區鐵路噪音預測

　　輸入軌道、交通、敏感點、噪音防制設施（隔音牆）等物件之屬性資料後，程式將依據 Schall03 進行計算，輸出結果包括有無噪音防制措施（隔音牆最佳化設計）前後之敏感受體預測點小時均能音量及水平、垂直等噪音線圖。

—隧道口鐵路噪音預測

　　輸入軌道、隧道口、敏感點、噪音防制設施（隧道內襯吸音性）等物件之屬性資料後，程式將依據 Cadna-A 經驗式進行計算，輸出結果包括有無噪音防制措施前後之敏感受體預測點小時均能音量及水平、垂直等噪音線圖。

　· 模式輸入資料：參見表附 3-2。

　· 模式輸出資料：參見表附 3-3。

四、軟體來源

　· 德國 DataKustik 公司（http://www.datakustik.de）

表附 3-2　Cadna-A 噪音預測模式鐵路交通噪音模擬結果輸入摘要表

六、音源資料

　1. 列車

　　i. 碟式煞車百分比，%＿＿＿＿＿＿＿＿＿＿＿

　　ii. 長度，公尺＿＿＿＿＿＿＿＿＿＿＿＿＿＿

　　iii. 速率，公里／小時＿＿＿＿＿＿＿＿＿＿

　　iv. 班次＿＿＿＿＿＿＿＿＿＿＿＿＿＿＿＿＿

　2. 軌道

　　i. 軌道種類＿＿＿＿＿＿＿＿＿＿＿＿＿＿＿

　　ii. 是否為高架橋或橋梁＿＿＿＿＿＿＿＿＿＿

　　iii. 是否行經平交道＿＿＿＿＿＿＿＿＿＿＿

　　iv. 軌道曲率＿＿＿＿＿＿＿＿＿＿＿＿＿＿＿

　　v. 幾何位置＿＿＿＿＿＿＿＿＿＿＿＿＿＿＿

七、環境屬性

　　1. 地形（位置、高程）＿＿＿＿＿＿＿＿＿＿＿＿＿＿＿

　　2. 地物／建物（位置、高程、高度、穿透損失、吸音係數）＿＿＿＿

　　3. 植被（位置、高程、高度、穿透損失、吸音係數）＿＿＿＿＿

　　4. 地面吸收（位置、高程、吸音係數）＿＿＿＿＿＿＿＿＿

八、敏感受體預測點

　　1. 幾何位置

　　2. 環境音量標準限值＿＿＿＿＿＿＿＿＿＿＿＿＿＿＿＿＿

九、隔音設施

　　1. 設施種類（隔音牆／土堤）＿＿＿＿＿＿＿＿＿＿＿＿＿

　　2. 隔音牆（幾何位置、穿透損失、吸音係數）＿＿＿＿＿＿＿

十、隧道

　　1. 幾何位置

　　2. 內襯吸音材（面積、吸音係數）＿＿＿＿＿＿＿＿＿＿＿

表附 3-3　Cadna-A 噪音預測模式鐵路交通噪音模擬結果輸入摘要表

單位：dB(A)

敏感受體預測點	防制措施	位置（公尺）		背景音量		環境音量標準		交通噪音		合成音量[1]		噪音增量[2]		影響等級[3]
		距離	高程	日間	夜間	日間	夜間	日間	夜間	日間	夜間	日間	夜間	
	無													
	有													
	無													
	有													

[1]：合成音量之定義參見 p.3
[2]：噪音增量之定義參見 p.3
[3]：影響等級評估基準參見圖一。

附件四：MITHRA 噪音評估模式使用指南

1. 模式的適用性鐵路類型：一般鐵路、高速鐵路、捷運系統、隧道出口
   污染源種類：

   (1) 每小時鐵路交通流量、速度、火車類型和路線數等鐵路交通流量參數。

   (2) 分為每小時通過火車類型、車廂數、車廂間距、長度（m）、速率（km/hr）、火車班次、車道嘈雜軌係數（長焊接軌、有接縫鐵軌、短鐵軌）。

   (3) MITHRA 資料庫包含以下資料：

   　　・MERCHANDISES

   　　・MAIL-COACH SERVICE

   　　・CORAIL

   　　・TGV-SE

   　　・TGV-A

   　　・TEE

   　　・TER_BANLIEU

   　　・TER_INOX

   　　・PER

   　　・LOCO ELECTRIQUE

   　　・LOCO_DIESEL

   評估位置：無特定位置評估指標：L_{eq} 其他：無

2. 模式基本限制

   無

3. 模式內容

   (1) 模式種類：電腦軟體模式。

   (2) 模式說明：MITHRA 為一種專供戶外傳聲模擬用之預測套裝軟

體。敏感點、音源、建築物、當地地形、防（隔）音牆、土地類型
或天氣影響等因素都考慮在內，選擇適當模組、資料庫後，輸入
MITHRA 電腦模式進行各種聲音預測，是可進行包括交通、鐵路或
工業噪音等模擬用之預測套裝軟體。

(3) 計算式：

· 鐵路

Mithra 軟體採用車道每公尺等值功率來計算之，車道每公尺聲音
功率公式如后：

$$LW = 18 + 10\log\left(a\Sigma \frac{n_i L_i}{bi} v_i^2\right)$$

式中：

n_i：每小時通過火車類型 i 數

L_i：通過火車類型 i 長度（m）

v_i：通過火車類型 i 速率（km/hr）

a：車道嘈雜軌係數

　a = 1 長焊接軌

　a = 2 有間隔接縫之鐵軌

　a = 3 短軌道或分叉道附近之 20m 鐵軌

　b = 火車靜係數

　b = 0.5 嘈雜車廂

　b = 1 一般車廂

　b = 3 寂靜車廂

　b = 6 極靜車廂

· 隧道出口

隧道出口是以其橫斷面尺寸加以說明：

隧道口與中間線狀音源每公尺聲音功率是以下面公式獲得：

$$LW_b = LW + 2 + 10 \log h - 10 \log \left(2(h+l)\,\alpha + \frac{Q}{1000V} + \frac{5h \times l}{1000} \right)$$

式中：

h：高度（m）

l：寬度（m）

LW：隧道內車道組每公尺聲音功率位準（dB）

Q：流量

V：平均速度

α：隧道周圍之吸音係數

(4) 模式輸入資料：

‧單元輸入

使用數位化輸入板或滑鼠來執行輸入
工作。

「Entry」（輸入）對話方塊是用來輸入
新單元，在適當時機得以「Edit」（編
輯）視窗（對話方塊）來進行修改。
右表說明可用 MITHRA 輸入之單元。
在對話方塊中反白（以亮度強調）輸
入部份顯示目前正在製作之單元。

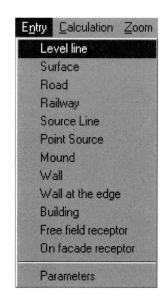

‧高程線（Level Line）

「Level」（高程）指令能使有相同高度或某些點在不同水平面時
被描繪之。

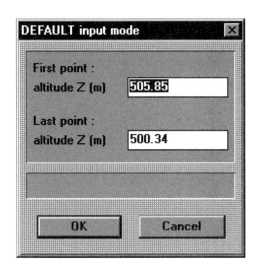

設定高程線輸入模式對話方塊顯
示於下：

· 表（面）對話方塊

　Surface 能設定具有土地特徵位置之功能，右圖所示視窗顯示被設
　定之土地類型。

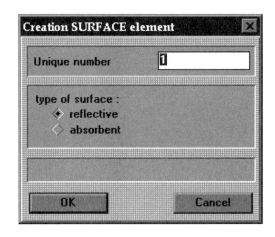

· 鐵路單元

　鐵路單元須以數位轉換器輸入板或滑鼠來輸入鐵路軸線，彎曲路
　段，輸入中間點，然後輸入其他鐵路參數：

- ‧軌道數
- ‧軌道寬
- ‧平台尺寸特性
- ‧音源高度
- ‧火車類型
- ‧車廂數、車廂間距
- ‧速度
- ‧火車班次

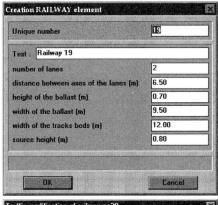

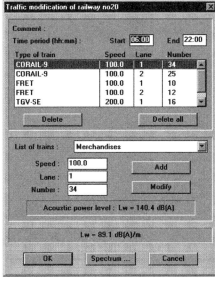

(5) 模式輸出資料：

不同速度可顯示不同變化。

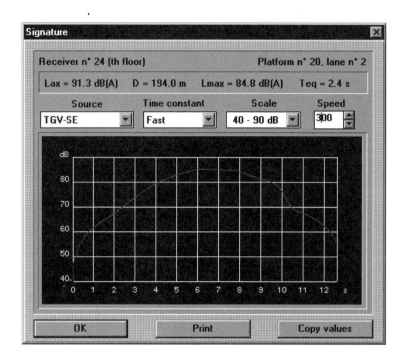

受音者（敏感受體）；

・頻率：各敏感受體每個八音階頻帶之壓力位準。

・音源：各噪音音源之聲音影響結果。

・頻譜：因作用所產生之每個八音階頻帶影響結果。

可直接複製或列印出下表。

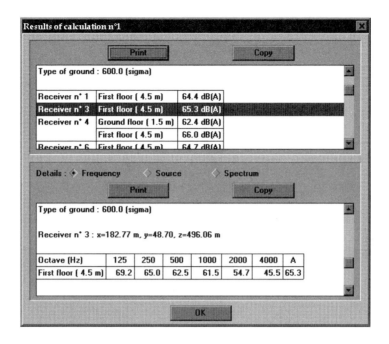

4. 模式來源：MITHRA 為法國 SCTB（建築科學與技術中心）20 年來研究的結晶，從 1987 年以來即成為一個具有完整功能之軟體程式，此軟體是符合 1995 年最新法國交通噪音預測標準及 ISO 9613-2 標準所研發而成。

5. 製作地圖：以平面（水平地圖）或剖面（垂直地圖）顯示之，功能包括位置之地理圖示、計算結果、顯示彩色圖、等音線或網狀網路之結果，圖形格式可被重疊。

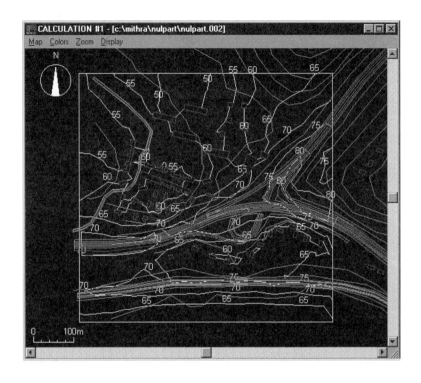

附件五：Peterson 修正模式使用指南

1. 模式的適用性：大眾捷運系統

   評估指標：L_{eq}

   其他：無

2. 模式基本限制

   無

3. 模式內容

   模式種類：經驗模式

   模式說明：

$$L_{eq} = \overline{L}_{A\max} + 10\log\frac{R(1.5D+d)}{v} - 30$$

$$\overline{L}_{A\max} = 10\log\left\{\frac{1}{N}\left(n_{\text{近}}\cdot 10^{\frac{\overline{L}_{A\max\text{近}}}{10}} + n_{\text{遠}}\cdot 10^{\frac{\overline{L}_{A\max\text{遠}}}{10}}\right)\right\}$$

$$\overline{L}_{A\max\,近} = 10\,\log\frac{1}{n_{近}}\,\Sigma\,10^{\frac{L_{A\max\,近}}{10}}$$

$$\overline{L}_{A\max\,遠} = 10\,\log\frac{1}{n_{遠}}\,\Sigma\,10^{\frac{L_{A\max\,遠}}{10}}$$

式中：

R：每小時捷運車輛（輛／小時）

D：噪音受體距離（公尺）

d：捷運車輛平均車長（公尺）

v：行車速率（公里／小時）

$\overline{L}_{A\max}$：捷運車輛行駛於平面、高架或地下時之最大噪音量平均值

$n_{近}$：1 小時近端行列車數

$n_{遠}$：1 小時遠端行列車數

N：1 小時內總列車數

$L_{A\max\,近}$：1 小時內近端各種列車單獨之最大噪音量

$L_{A\max\,遠}$：1 小時內遠端各種列車單獨之最大噪音量

$\overline{L}_{A\max(1hr)近}$：1 小時內通過列車 $L_{A\max\,近}$ 之平均值

$\overline{L}_{A\max(1hr)遠}$：1 小時內通過列車 $L_{A\max\,遠}$ 之平均值

模式來源：1. 美國 NTIS 出版的都市鐵路噪音與振動控制手冊（原模式）

2. 劉嘉俊等著，「噪音模式於環境工程上之應用」，88 年 8 月。

附錄 C-3

道路交通噪音評估模式技術規範

（*91.2.15 環署綜字第 0910011361 號公告*）

一、依據開發行為環境影響評估作業準則第四十九條規定訂定之。

二、辦理環境影響評估作業時，道路交通噪音評估模式之使用，應依本規範之規定辦理，本規範未規定者，依其他相關法令辦理。

三、道路交通噪音評估模式之使用，應考量以下各項因素：

　　（十三）開發行為及區位環境之特性。

　　（十四）道路分類及交通條件。

　　（十五）模式之限制條件。

四、本規範現階段認可之噪音模式及其適用條件如表一，得適時增修訂：

表一　模式及其適用條件表

道路分類	模式名稱	備註
高速公路、快速公路	I. RLS-90：SoundPLAN 　　　Cadna-A II. ASJ III. TNM	附件一 附件二 附件三 附件四
主要幹道、次要幹道及地區公路	IV. RLS-90：SoundPLAN 　　　Cadna-A V. ASJ VI. TNM VII. 施鴻志模式： 　　$Leq = 69.6 - 19.0\log D + 0.55PT + 7.2\log Q + 2.5RF$ VIII. 張富南模式： 　　$Leq = 38.1 + 12.3\log Q + 0.247PT + 2.22RF$	附件一 附件二 附件三 附件四 附件五 附件六

＊道路分類依交通部「公路路線設計規範」之規定。

五、選用第四點之模式時，應先進行模式相關參數之校估，校估之誤差值應小於 ±3dB(A)，否則應修正參數值或更換模式後始得使用，模式校估方式參考附件七。

六、選用第四點以外之其他模式時，應檢附以下各項資料送請中央主管機關認可後，始得應用於環境影響說明書或環境影響評估報告書：

（十六）模式或模式說明。

（十七）國內或國外個案模式及模擬結果。

（十八）與第四點認可模式之比對結果。

七、道路交通噪音之模擬應參考模式使用指南進行影響預測分析，其評估結果及下列相關輸入資料應納入環境影響說明書或環境影響評估報告書以供審查：

（十九）路線（廊）預測點線形橫斷面、地形地物及路線（廊）影響範圍內敏感受體位置。

（二十）交通量、車種組成、車速、舖面種類及其他規設資料（路工、交控等）

（二十一）氣象資料（如風向、風速、溫度、相對濕度）。

（二十二）噪音模擬結果（參見表二）。

（二十三）其他（如減音措施等）。

八、規範於公告後施行。

表二　道路交通噪音評估模式模擬結果輸出摘要表

單位：dB(A)

項目 受體名稱	現況環境 背景音量	營運期間 背景音量[1]	營運期間 交通噪音	營運期間 合成音量[2]	噪音增量[3]	噪音管制區類別	環境音量標準	影響等級[4]
敏感受體一								
敏感受體二								
敏感受體三								
敏感受體 N								

註：[1]：「營運期間背景音量」係指位於道路邊之敏感受體之敏感受體感受量，若預期位屬一般地區之敏感受體感受量，可與「現況環境背景音量」相同。若道路交通噪音量於營運目標年時，因道路交通量自然成長所推估之道路交通噪音量變化在 ±3dB(A) 以內，則「營運期間背景音量」可與「現況環境背景音量」相同。

[2]：「營運期間合成音量」＝「營運期間背景音量」⊕「營運期間交通噪音」。⊕表示依聲音計算原理之相加。

[3]：「噪音增量」＝「營運期間合成音量」－「營運期間背景音量」（「營運期間背景音量」符合「環境音量標準」）；「噪音增量」＝「營運期間合成音量」－「環境音量標準」（「營運期間合成音量」不符合「環境音量標準」時）。

[4]：「影響等級」參見圖一。

[5]：必要時需附等音量線圖。

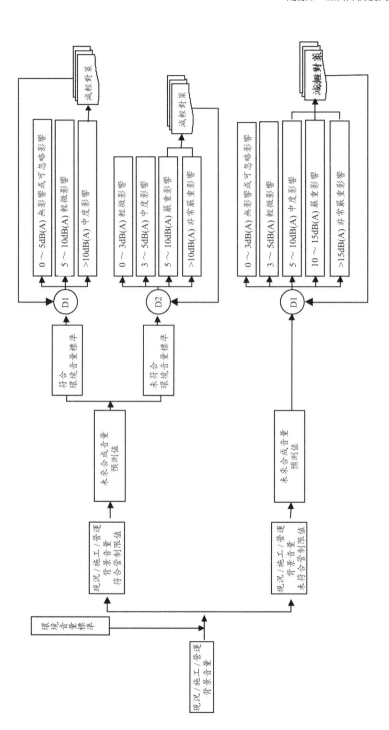

圖一　噪音影響等級評估流程

註：1.D1 未來合成音量預測值與現況／施工／營運背景音量之噪音增量
　　2.D2 未來合成音量預測值與環境音量標準之噪音增量
　　3.等級劃分參考國內噪音法規、美國環保署環境保護署環境噪音準則會話、噪音學原理及控制（蘇德勝著）。
　　4.資料來源：黃乾全，「環境影響評估專業人員培訓講習噪音與振動評估」，行政院環境保護署，民國87年1月。

附件一、SoundPLAN 道路交通噪音評估模式使用指南

I. 模式的適用性

（八）道路類型：高速公路、快速公路、主要幹道、次要幹道及地區公路。

（九）音源種類：1. 車輛數及大型車比例。

2. 分為大型車、小型車（機車及聯結車需以小型車或大型車之噪音當量數輸入）。

（十）評估位置：無特定位置。

（十一）評估指標：Leq。

（十二）其他：無。

II. 模式基本限制

甲、交通量：無數量上的限制。

乙、速率：無特殊限制。

丙、其他：無。

III. 模式內容

丁、模式種類：電腦軟體模式。

戊、模式說明

SoundPLAN 模式能較經驗模式更準確預測噪音量，且能同時預測車輛、交通、道路及環境等四項影響道路交通噪音之特性，即可將車輛、交通、道路及環境等資料一起輸入電腦中，計算噪音敏感點之音量及繪製彩色等噪音線圖。此外，對於超出法規標準之地區，亦可進行隔音牆設計，道路噪音預測只是 SoundPLAN 模式功能的一部份。SoundPLAN 模式中有 RLS 90 及 L'S Road 兩個子程式，用以預測噪音量，其中 RLS 90 程式，所需輸入之資料包括車速、車輛種類、最外側車道間距離、路面特性（柏油、碎石等）、交通號誌、路面縱剖面斜度、高程及敏感受體點之位置

等詳細資料。L'S Road 程式係在道路屬筆直道路，且路面無高低起伏甚大，路況較單純時使用，其好處是 L'S Road 程式中所需輸入之資料較易取得且簡單，故 L'S Road 程式比 RLS 90 能在較短的時間內獲得噪音預測值，並可計算出符合音量標準時所需之隔音牆高度。

己、模式輸入資料：參見表 1-1。

庚、模式輸出資料：參見表二。

IV. 模式來源

德國 Braunstein+Berndt GMBH 公司。

表 1-1　SoundPLAN 道路交通噪音評估模式輸入參數摘要表

一、道路音源

　　1. 車速：大型車_____公里／小時，小型車_____公里／小時

　　2. 交通量：大型車_____輛／小時，小型車_____輛／小時

　　　　　　　（其中聯結車／大型車之當量＝_____

　　　　　　　　機車／小型車之當量＝_____）

　　3. 路面縱向坡度：_____%

　　4. 路面種類：_____

　　5. 建築物反射修正值：_____分貝

二、道路構造

　　1. 車道數：_____車道

　　2. 每車道寬度：_____公尺

　　3. 道路橫向坡度：_____%

　　4. 交通號誌或交叉路口分佈：_____（有、無）

三、隧道

    1. 線音源修正值（LmFBR 值）＿＿＿＿ 分貝

    2. 隧道修正值（Dtunnel 值）＿＿＿＿ 分貝

    3. 反射修正值（K 值）＿＿＿＿＿＿ 分貝

附件二、Cadna-A 道路交通噪音評估模式使用指南

一、模式的適用性

    辛、道路類型：高速公路、快速公路、主要幹道、次要幹道及地區公路。

    壬、音源種類：1. 車輛數及大型車比例。

                2. 分為大型車、小型車、機車（以小型車計）。

    癸、評估位置：無特定位置。

    11、評估指標：小時均能音量（Leq）。

二、模式基本限制

    12、交通量：無數量上之限制。

    13、速率：小型車車速限制條件 30 公里／小時～ 130 公里／小時。

            大型車車速限制條件 30 公里／小時～ 80 公里／小時。

三、模式內容

    （一）模式種類：電腦軟體模式。

    （二）模式說明：

        道路噪音預測電腦模式為德國 DataKustik 公司依 RLS-90 所發展之模組，亦為 Cadna-A 之子程式。

        計算式：

$$LS = LM + DI + K - DS - DL - DBM - DG + DE - DZ$$

        式中 LS：預測點音壓位準，(dB)。

           LM：音源聲功率位準，(dB)。

DI：方向係數，(dB)。

K：傳遞空間調整，(dB)。

DS：距離衰減調整，(dB)。

DL：大氣吸收調整，(dB)。

DBM：地表吸收調整，(dB)。

DG：植物效應調整，(dB)。

DE：障礙物效應調整，(dB)。

DZ：室外因子（如風向、溫度等）調整，(dB)。

LM = L25 + DV + Dstro + Dstg + Dmreft。

LM：距音源 25 公尺、離地表 4 公尺高處之音壓位準，
（dB(A)）。

L25 = 37.3 + 10LOG(M×(1 + 0.082×P))，（dB(A)）。

M：平均小時交通流量，（輛／小時）。

P：大型車（指 2.8 噸以上之車種）百分比，（%）。

DV：速率調整因子。

$$DV = Lcar - 37.3 + 10 \times LOG \frac{100 + (10^{(0.1D)-1}) \times P}{100 + 8.23 \times P}$$

Lcar = 27.7 + 10×LOG(1 + (0.02×Vcar)

Ltruck = 23.1 + 12.5×LOG(Vtruck)

D = Ltruck-Lcar

Vcar：小型車速率，（公里／小時）。

Vtruck：大型車速率，（公里／小時）。

Dstro：道路表面修正因子

一般而言，瀝青路面 Dstro = 0；

Dstg：坡度修正因子

Dstg = 0.6×G-3　FORG > 5%；

$$Dstg = 0 \qquad FOR\ G \leqq 5\%\ ;$$

Dmreft：反射音修正因子

$$Dmreft = 2 \times \frac{HB}{W}$$

G：道路修正坡度，（%）；

HB：反射面（如建物或隔音牆）平均高度，（公尺）；

W：音源與反射面距離，（公尺）。

1. 道路邊地區交通噪音預測

   輸入道路、交通、敏感點、噪音防治設施（隔音牆）等物件之屬性資料後，程式將依據 RLS-90 及相關規範（ISO 1913、DIN18005-1、VDI2714）進行計算，輸出結果包括有無噪音防制措施（隔音牆最佳化設計）前後之敏感受體預測點小時均能音量及水平、垂直等噪音線圖。

   針對路邊環境及交通路況較單純之直線道路，可使 Long Straight Road 子程式輸入較少參數進行計算。

2. 隧道口交通噪音預測

   輸入道路、隧道口、交通、敏感點、噪音防治設施（隧道內襯吸音性）等物件之屬性資料後，程式將依據 Cadna-A 經驗式進行計算，輸出結果包括有無噪音防制措施前後之敏感受體預測點小時均能音量及水平、垂直等噪音線圖。

（三）模式輸入資料：參見表 2-1。

（四）模式輸出資料：參見表二。

四、模式來源

德國 DataKustik 公司（http://www.datakustik.de）

表 2-1　Cadna-A 道路噪音交通評估模式輸入參數摘要表

一、道路結構

　　3. 車道數／路寬（兩側最外車道中心線間距離）＿＿＿＿公尺

　　4. 幾何特性（位置、高程、縱向／橫向坡度）＿＿＿＿

　　5. 舖面材料＿＿＿＿

　　6. 建築物反射修正值：＿＿＿＿分貝

　　7. 交通號誌或交叉路口分佈：＿＿＿＿（有、無）

二、交通

　　1. 車速：大型車＿＿＿＿公里／小時，小型車＿＿＿＿公里／小時

　　2. 交通量：大型車＿＿＿＿輛／小時，小型車＿＿＿＿輛／小時

三、隧道

　　1. 幾何特性（位置、高程、高度、斷面）＿＿＿＿

　　2. 內襯吸音材（面積、吸音係數）＿＿＿＿

附件三、ASJ 道路交通噪音評估模式使用指南

一、模式的適用性

　　14、道路類型：高速公路、快速公路、主要幹道、次要幹道及地區公路。

　　15、音源種類：大型車、小客車、機車。

　　16、評估位置：自道路起水平距離 200 公尺，高度 12 公尺內。

　　17、評估指標：均能音量（Leq）、小時 Leq。

　　18、其他：無。

二、模式基本限制

　　（一）交通量：無。

　　（二）速率：一般路段 40-140 公里／小時，特殊路段 10-60 公里／小時，交流道及交叉路口 0-80 公里／小時。

（三）其他：無。

三、模式內容

（二）模式種類：經驗模式、解析模式，模式計算流程詳圖 3-1。

（三）模式說明：

$$LAeq = 10 \log_{10}\left(10^{\frac{LAE}{10}} \frac{N}{3600}\right) = LAE + 10\log_{10} N - 35.6$$

LAE：單發音噪音位準（A 加權）

N：交通量（輛／小時）

（四）模式輸入資料：道路構造、沿線條件、測點位置、行駛速率、路面條件、各車道各車種交通量。

（五）模式輸出資料：參見表二。

四、模式來源：

本模式由日本音響學會道路交通噪音調查研究委員會所發表之『道路交通噪音之預測模式』（ASJ Model, 1998）。

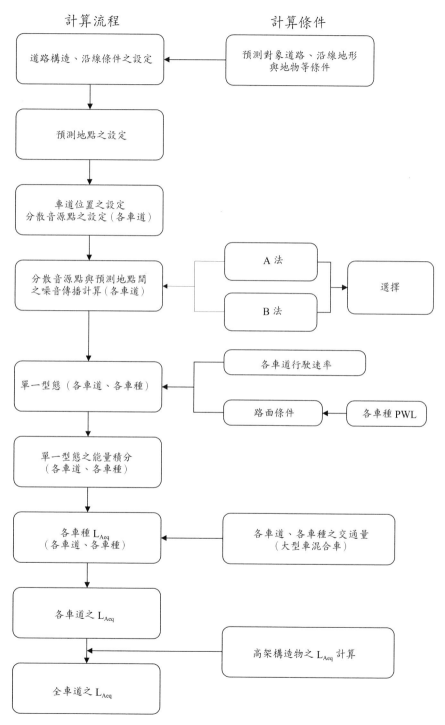

計算流程　　　　　　　　　計算條件

道路構造、沿線條件之設定 ← 預測對象道路、沿線地形與地物等條件

預測地點之設定

車道位置之設定
分散音源點之設定（各車道）

分散音源點與預測地點間之噪音傳播計算（各車道） ← A 法　B 法 → 選擇

單一型態（各車道、各車種） ← 各車道行駛速率　路面條件 ← 各車種 PWL

單一型態之能量積分（各車道、各車種）

各車種 L_{Aeq}（各車道、各車種） ← 各車道、各車種之交通量（大型車混合率）

各車道之 L_{Aeq}

全車道之 L_{Aeq} ← 高架構造物之 L_{Aeq} 計算

圖 3-1　ASJ 模式計算流程圖

附件四、TNM 道路交通噪音評估模式使用指南

一、模式的適用性

（一）道路類型：高速公路、快速公路、主要幹道、次要幹道及地區公路。

（二）音源種類：包括小客車、中型車、機車、大客車、重型車等資料庫內建車輛以及自我定義之車輛。

（三）評估位置：無特定位置。

（四）評估指標：小時均能音量（Leq）、日夜均能音量（Ldn）、社區噪音均能音量（Lden）。

二、模式基本限制

（一）交通量：無限制。

（二）速率：無限制。

三、模式內容

（一）模式種類：電腦軟體模式。

（二）模式說明：

TNM 為美國聯邦公路總署（FHWA）於 1988 年 3 月所公告之道路噪音預測模式，用於取代 STAMINA 2.0/OPTIMA，操作介面為 MICROSOFT 視窗，最新版本 1.1 適用於 WINDOWS 95 或 WINDOWS NT 等作業環境。

TNM 模式內建之音源資料庫為全美 1994～1995 年間 40 處交通噪音測點現場量測資料，包括於穩定車流及間斷車流下之小客車、中型車、機車、大客車、重型車等 5 種車輛 6,000 筆 1/3 八音頻帶噪音值。此外本軟體尚須輸入道路、交通措施、環境物件（地形、地物、建物）、敏感受體預測點、隔音牆等屬性資料後，經由模式推估後，可分別計算有無隔音牆前後之敏感

受體預測點噪音預估值及等噪音線圖。

計算式：

$$L_{Aeq1h} = EL_i + A_{traff(i)} + A_d + A_s$$

L_{Aeq1h}：距道路邊 15 公尺處 1 小時均能音量，dB(A)

EL_i：指第 i 種車輛噪音音量，dB(A)

$A_{traff(i)}$：指第 i 種車輛交通流量（輛 / 小時）、車速（公里 / 小時）

A_d：距離調整因子

A_s：衰減因子（遮蔽及地面效應）

（三）模式輸入資料：參見表 4-1。

（四）模式輸出資料：參見表二。

四、模式來源

美國聯邦公路總署（FHWA）（http://www.tiac.net/users/a1f04/tnm/）

表 4-1　TNM 道路交通噪音評估模式輸入參數摘要表

一、道路結構

　　1. 車道寬度_____公尺

　　2. 幾何座標（位置、高程）_____

　　3. 鋪面材料_____

　　4. 是否為高架_____（是或否）

二、交通（以求小時均能音量為例）

　　5. 車速：小客車_____公里 / 小時、中型車_____公里 / 小時、

　　6. 大客車_____公里 / 小時、重型車_____公里 / 小時、

　　7. 機車_____公里 / 小時、自定車輛_____公里 / 小時。

　　8. 交通量：小客車_____輛 / 小時、中型車_____輛 / 小時、

　　　　　　　大客車_____輛 / 小時、重型車_____輛 / 小時、

機車＿＿＿＿＿輛／小時、自定車輛＿＿＿＿＿輛／小時。

9. 交通號誌／收費站／匝道／停止點＿＿＿＿＿（有或無）

三、環境屬性

1. 地形（位置、高程）＿＿＿＿＿

2. 建築群（位置、高程、平均高度、建物密度）＿＿＿＿＿

3. 植被（位置、高程、平均高度）＿＿＿＿＿

4. 地表吸收（位置、高程、地表種類）＿＿＿＿＿

四、敏感受體預測點

5. 幾何特性（位置、高程、高度）＿＿＿＿＿

6. 背景音量＿＿＿＿＿dB(A)

7. 環境音量標準＿＿＿＿＿dB(A)

8. 減音目標＿＿＿＿＿dB(A)

9. 影響等級限值＿＿＿＿＿dB(A)

五、隔音設施

10. 設施種類（隔音牆／土堤）＿＿＿＿＿

11. 幾何座標（位置、高程、單元高度）＿＿＿＿＿

12. 材料費用＿＿＿＿＿（隔音牆：元／m^2 或土堤：元／m^3）

13. 規設費用＿＿＿＿＿（隔音牆：元／m^2 或土堤：元／m^3）

14. 隔音牆 NRC 值＿＿＿＿＿

15. 是否位於結構物上＿＿＿＿＿（是或否）

附件五、施鴻志道路交通噪音評估模式使用指南

一、模式的適用性

（一）道路類型：主要幹道、次要幹道及地區公路。

（二）音源種類：小型車、大型車。

（三）評估位置：測點與道路中心線之垂直直線距離在 10 ～ 18 公尺之間。

（四）評估指標：Leq。

（五）其他：無

二、模式基本限制

（十一）交通量：0.5 小時：950 ～ 2,334 車輛；1 小時：1,800 ～ 4,600 車輛。

速率：速率在 35 ～ 50 公里／小時。

其他：大型車比率在 1% ～ 5% 之間，測點與道路中心線之垂直距離在 10 ～ 18 公尺。

三、模式內容

（一）模式種類：經驗模式。

（二）模式說明：$Leq = 69.6 - 19.0\log D + 0.55PT + 7.2\log Q + 2.5RF$

D：測點與道路中心線之垂直直線距離（公尺）。

PT：測量時段內卡車佔總車流量之百分比值（%）。

Q：總車輛數（輛／小時）。

RF：環境虛擬變數（考慮臨街面建築物之反射音效果，測點周圍半徑 20 公尺有連棟建築物，且測點置放於建物面前 1 ～ 3 公尺產生反射音效時 RF 為 1；若測點周圍半徑 20 公尺內無建築物構成聲音反射體時，則 RF 為 0）。

（三）模式輸入資料：輸入資料包含有測點與道路中心線之垂直直線距離、卡車佔總車流量之百分比、總車輛數與環境虛擬變數。

（四）模式輸出資料：參見表二。

四、模式來源

施鴻志，都市聯外幹道交通噪音預測模式，運輸計劃第十卷二期，民國 70 年。

附件六、張富南道路交通噪音評估模式使用指南

一、模式的適用性

（五）道路類型：主要幹道、次要幹道及地區公路。

（六）音源種類：小型車、大型車。

（七）評估位置：無特定位置。

（八）評估指標：Leq。

（九）其他：無

二、模式基本限制

（十）交通量：車流較穩定的狀況、道路狀況與交通流量為均值。

（十一）速率：無

（十二）其他：無

三、模式內容

（十三）模式種類：經驗模式。

（十四）模式說明：

$$Leq = 38.1 + 12.3 LogQ + 0.247PT + 2.22RF$$

N：交通量（輛／小時）。

PT：卡車流量比（%）。

RF：分類虛擬變數。（考慮臨街面建築物之反射音效果，測點周圍半徑 20 公尺有連棟建築物，且測點置放於建物面前 1～3 公尺產生反射音效時 RF 為 1；若測點周圍半徑 20 公尺內無建築物構成聲音反射體時，則 RF 為 0）。

（十五）模式輸入資料：輸入資料為總車輛數、卡車比與虛擬變數。

（十六）模式輸出資料：參見表二。

四、模式來源

張富南，「公路斷面型態對交通噪音傳送的影響」，成功大學碩士論文，民國 72 年。

附件七、模式校估

四、驗證流程

依道路類別高速公路、快速公路及主要幹道、次要幹道及地區公路，並分其構造型態選擇建議之道路交通評估模式進行模式驗證，依各模式之輸入參數作為調查項目，進行實測，再經分析驗證模式之可用性，其流程如圖7-1。

五、校估方法

（十七）樣本時數：調查時所需之時數如下表：

時段區分	早	日間	晚	夜間
時數	2	13	2	7

註：時段區分定義為早　：指上午五時至上午七時前
　　　　　　　　　晚　：指晚上八時至晚上十時前
　　　　　　　　　日間：指上午七時至晚上八時前
　　　　　　　　　夜間：零時至上午五時前及同日晚上十時至晚上十二時前

（十八）精度：平均均能音量（Leq）在 ±3dB（此精度為實測值與模式計算值之差異）

（十九）指標：均能音量（Leq）

（二十）校估流程（參見圖7-2）

　　　・第一步驟：實測均能音量（Leq）與模式均能音量（Leq）比較，若其兩者之差絕對值小於等於3dB，則此模式可用；否則進行至第二步驟。

　　　・第二步驟：比較其模式之常數項值與實測值之 L_{90}。

　　　・第三步驟：修正其模式。

　　　・第四步驟：計算修正後模式之均能音量（Leq）。

‧第五步驟：比較其修正後模式之均能音量（Leq）與實測
值之均能音量（Leq），若相差在 3dB 內，則可以使用此修
正後模式；否則放棄此模式。

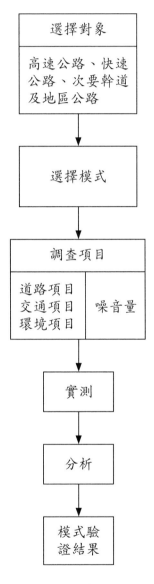

圖 7-1 模式驗証流程

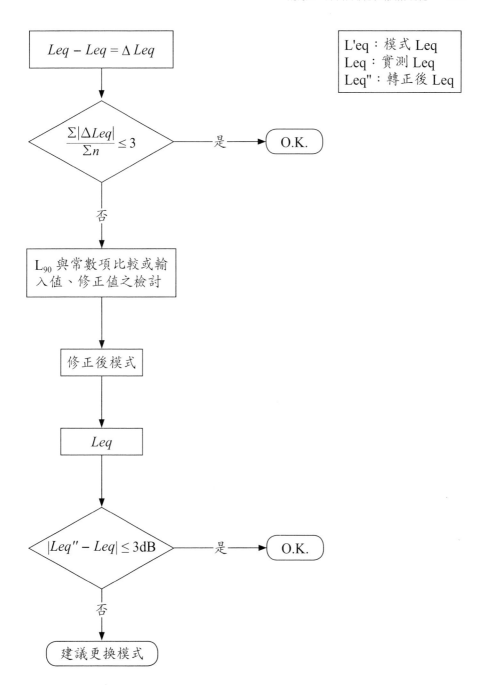

圖 7-2　模式校估流程

六、實例說明

（二十一）實測地點：位於信義路五段，位置如下圖所示：

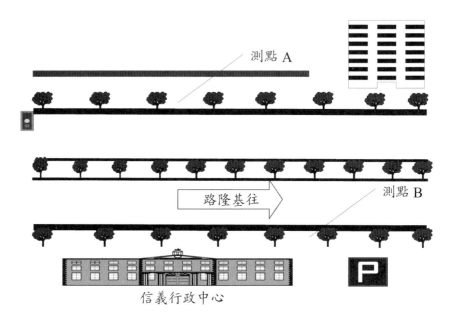

（二十二）調查儀器：Cirrus 700 噪音計兩部

（二十三）調查方式：觀測點設於距離道路中心 16 公尺處，高度 1.5
公尺，連續監測 8 小時（11:20-19:20, Sep. 26. 2000）

（二十四）儀器設定：Weighting: A; Time Basis: 500 ms; Min-Max:
50 ～ 110dB(A)

（二十五）實測結果：

表 7-1　測點 A 之交通噪音實測值

單位：dB(A)

偵測時間	均能音量 Leq	最小音量 Lmin	最大音量 Lmax
11:20-12:20	71	56.2	95.3
12:20-13:20	70.6	55.7	89.6
13:20-14:20	69.7	56.7	85.8
14:20-15:20	70.5	41.2	85.1
15:20-16:20	71.5	58.4	87.5
16:20-17:20	75.1	58.1	99.2
17:20-18:20	74.8	57.5	90.0
18:20-19:20	74.7	58.1	99.2
平均值	72.8	41.2	99.2

表 7-2　測點 B 之交通噪音實測值

單位：dB(A)

偵測時間	均能音量 Leq	最小音量 Lmin	最大音量 Lmax
11:20-12:20	74.2	57.7	92.3
12:20-13:20	74.5	55.5	98.9
13:20-14:20	74.5	57.8	90.9
14:20-15:20	74.6	59.0	93.6
15:20-16:20	75.2	58.8	92.5
16:20-17:20	76	58.8	100.3
17:20-18:20	75.6	58.3	93.7
18:20-19:20	75.1	57.9	94.4
平均值	75.0	55.5	100.3

（二十六）驗證：分別利用施鴻志經驗模式、張富南模式、Sound Plan 與 Cadna-A 進行預測，所得結果如下：

➤施鴻志模式：

Leq = 69.6 − 19.0LogD + 0.55Pt + 7.2LogQ + 2.5RF

表 7-3　施鴻志模式預測值與實測值比較表

單位：dB(A)

施鴻志模式	測點 A	測點 B	與測點 A 之誤差	與測點 B 之誤差
72.2	71	74.2	1.2	-2.0
72.1	70.6	74.5	1.5	-2.4
72.5	69.7	74.5	2.8	-2.0
72.7	70.5	74.6	2.2	-1.9
72.8	71.5	75.2	1.3	-2.4
73.0	75.1	76	-2.1	-3.0
73.6	74.8	75.6	-1.2	-2.0
73.2	74.7	75.1	-1.5	-1.9

➤張富南模式：

Leq = 38.1 + 12.3LogQ + 0.247PT + 2.22RF

表 7-4　張富南模式預測值與實測值比較表

單位：dB(A)

張富南模式	測點 A	測點 B	與測點 A 之誤差	與測點 B 之誤差
78.0	71.0	74.2	7.0	3.8
78.1	70.6	74.5	7.5	3.6
78.7	69.7	74.5	9.0	4.2

張富南模式	測點 A	測點 B	與測點 A 之誤差	與測點 B 之誤差
78.8	70.5	74.6	8.3	4.2
78.8	71.5	75.2	7.3	3.6
78.6	75.1	76	3.5	2.6
78.9	74.8	75.6	4.1	3.3
78.6	74.7	75.1	3.9	3.5

註：上述模式之平均誤差雖然超過 3dB，但經過模式係數校正後，結果仍在接受範圍內。

➢ Sound Plan and Cadna-A：

4. 以單一道路方式預測

5.『使用 RLS90 子程式』

6. 使用交通量及大型車比例方式計算，車速採用 40 公里／小時

信義路五段（松智路與松仁路之間）
路寬 30 公尺，路肩 3 公尺
雙向 6 車道，每車道寬 3.5 公尺
中央分隔島假設寬 3 公尺

　　　　　　　　　　預測點
◖◗高度：1.5 公尺
　　距路邊 1 公尺，即距路中心線 16 公尺

表 7-5　電腦預測模式與實測值比較表

單位：dB(A)

時段	大型車數	交通量	大型車比	A點實測值	B點實測值	Cadna-A 預估值	與測點 A 之誤差值	與測點 B 之誤差值	SoundPLAN 預估值	與測點 A 之誤差值	與測點 B 之誤差值
11:20-12:20	104	2900	3.6%	71.0	74.2	71.5	+0.5	-2.7	72.1	+1.1	-2.1
12:20-13:20	128	2827	4.5%	70.6	74.5	71.8	+1.2	-2.7	72.4	+1.8	-2.1
13:20-14:20	115	3138	3.7%	69.7	74.5	71.9	+2.2	-2.6	72.4	+2.7	-2.1
14:20-15:00	127	3401	3.7%	70.5	74.6	72.2	+1.7	-2.4	72.8	+2.3	-1.8
15:20-16:20	147	3513	4.2%	71.5	75.2	72.6	+1.1	-2.6	73.2	+1.7	-2.0
16:20-17:20	143	3746	3.8%	75.1	76.0	72.7	-2.4	-3.3	73.3	-1.8	-2.7
17:20-18:20	141	4527	3.1%	74.8	75.6	73.1	-1.7	-2.5	73.7	-1.1	-1.9
18:20-19:20	124	4024	3.1%	74.7	75.1	72.6	-2.1	-2.5	73.2	-1.5	-1.9

附錄 D-1 ENM 商用軟體型錄摘要

ABOUT THE ENM SOFTWARE

The Environmental Noise Model (ENM) is a computer program developed especially for Government authorities, acoustic and environmental consultants, industrial companies and any group involved with prediction of noise in the environment.

Since ENM DOS was first released in 1986, it has found tremendous success world-wide. Now, the introduction of the Windows environment has resulted in a simpler and uniform user interface.

The program allows the user to input data from up to 1000 enclosed or unenclosed noise sources (i.e. sound power level spectra, directivity and coordinates) and enclosure data (sound transmission loss and sound absorption coefficient). A spread-sheet type interface is provided for data manipulation and editing.

ENM incorporates a computer aided drafting (CAD) program for digitising/plotting maps and for calculating cross-sections. DXF files are also accommodated.

To predict noise levels, ENM calculates the attenuation due to distance, barrier, ground effect, wind and temperature gradients.

The prediction can be obtained for a simplified data input (no digitising required) and for a full range of capabilities. The main outputs are :

• **Detailed single point calculations** including 1/1 and 1/3 octave spectra of imission noise levels and attenuation.

• **Plots of dB(A) noise levels** versus distance from source and sections of sound level values from point to point.

• **Ranking of noise sources** in order of importance and

• **Noise Contour plots** over a defined area.

Outputs are in ASCII form and may be edited using any word processor.

ENM modules are accessed from a menu of selections. The program is simple to learn and operation is by selection of Windows menu items.

ENM incorporate the latest research reported internationally.

ENM Windows comprises four main modules - Source, Section, Map and the ENM Calculation Module.

附錄 D-2　SoundPlan 商用軟體型錄摘要

SoundPLAN LLC

Braunstein+Berndt GmbH

Software Designers+Consulting Engineers

for

Noise Control, Air Pollution, Environmental

Protection

SoundPLAN

designing a sound environment

SoundPLAN

SoundPLAN is the foremost noise mapping and evaluation software. If you own SoundPLAN you don't need another similar software because Sound-PLAN maps and assesses any transportation, industry or leisure noise, and can be used for any size project, whether a small community, an agglomeration or an industrial complex. SoundPLAN even has air pollution evaluation modules. SoundPLAN is the only integrated suite of software that models interior noise levels, sound transmission through building walls and sound propagation into the environment. SoundPLAN graphics are not only stunning, but easy to use. SoundPLAN is the complete, accurate solution for environmental assessments.

Company Profile

Braunstein + Berndt GmbH was established in 1986 as software designers and consulting engineers in the field of noise control, planning and data processing. In 1987 our first SoundPLAN module, Road Noise, was launched, specifically designed to accurately reflect the needs of those working in this specialized industry sector.

Building on the success of the Road Noise module, further modules were developed for noise and air pollution and environmental protection along with support packages for graphics and tools. Within a few years SoundPLAN became the outdoor acoustics software standard within Germany, used by the road administrations in 15 of the 17 states, many major cities, government agencies and universities, as well as acoustic, environmental and air pollution consulting firms.

In 1992 Braunstein + Berndt started an International Distributor Network for SoundPLAN and licensed specially selected representatives to provide product and service support to clients on a global basis. Over 2000 users located in more than 30 countries shows that SoundPLAN is helping organizations do their work efficiently and cost effectively. SoundPLAN continues to lead the way with noise and air pollution modeling software.

1999 the international marketing and sales organisation was relocated to the state of Washington in the Pacific Northwest of the USA. Our new address is: SoundPLAN LLC; 80 E Aspley Ln; Shelton WA 98584; USA; Tel. (+1) 360 432 9840; E-Mail marketing@soundplan.com

Consulting Services

Along with the product SoundPLAN for noise and air pollution simulations, Braunstein + Berndt GmbH also offer consulting services for the following topics:

- Environmental impact planning for new road, rail and industrial facilities
- Air quality assessment ranging from small scale predictions to city wide planning
- Noise impact assessment
- Optimization of noise control measures for road, rail and industrial appli-

cations

Programming special applications for customers is also a wide field:

• Writing the front/end to the long range noise transmission program Gauss Beam

• Generating algorithms for the calculation of the maximum noise level for trains

• Supplying the calculation core for the German railway companies environmental GIS system

Braunstein + Berndt GmbH has completed consulting projects in Europe, Asia and America. For details, please contact Gert Braunstein at bbgmbh@soundplan.de.

SoundPLAN-Noise and Air Pollution Simulation Software

Helping you design a sound environment

SoundPLAN is a complete software package offering a full spectrum of noise and air pollution evaluation modules, with quick and accurate calculation times and impressive graphics. Comprehensive studies involving large study areas and multiple sources an be completed efficiently and cost effectively using this modeling software.

SoundPLAN is a three dimensional graphics oriented program. It hosts a digitizer interface and can import bitmaps to digitize the plan, it produces color plots and tabulations of the input data and results. SoundPLAN also includes a wall/barrier design optimization utility and an industrial noise control module. Graphic displays help to visualize the benefit of noise control measures in terms of cost vs. noise level reduction.

SoundPLAN is marketed worldwide by independent specialist representatives who acquire, install and maintain the software, and provide training and hot line services. Private firms, universities and government offices around the world use SoundPLAN for environmental planning, research and evaluation through to various public presentations. Over 2000 users located in more than 30 countries show that SoundPLAN is helping organizations do their work more effectively. For the users convenience, SoundPLAN is available in English, Finish, French, German, Italian, Polish, Spanish, Portuguese and Japanese. Other European as well as Asian languages will follow.

Some benefits when using SoundPLAN include:

- Accepts all international standards
- Traceable propagation models - your work is documented and repeatable
- Noise control optimization features save both money and time
- Wall Design module also includes a cost/benefit ratio
- Numerous control features for verification of input geometry and source data
- Versatile definition of the sources input (frequency spectrum, time schedule or idle patter, directivity, mitigation factors..)
- Built in libraries (global and project dependant) for absorption, transmission, directivity
- Built in modules for environmental assessment
- Provides calculation for air pollutant dispersion for simple and complex scenarios
- Superior graphic tools for visualizing and presenting input and output data in a variety of mediums
- Direct support for DXF

• Update and maintenance for all modules - free for one year

Applications

• Land Use Planning and Development

• Air Purity Planning

• Construction Development

• Environmental Impact Studies

• Air & Noise Pollution Control

• Research Projects

• Planning Meetings, Public Inquiries

With our noise and software engineers continually developing and updating modules, SoundPLAN continues to lead the way in noise and air pollution evaluation software. For more in-depth information, click one of the buttons in an area that interests you.

附錄 D-3　CadNa A 商用軟體型錄摘要

What is CADNA?

Cadna

Rounding

Examples

Downloads

Team

| The home page |
| What is CADNA ? |
| CADNA downloads |
| Documentation |
| Bibliography |

CADNA means Control of Accuracy and Debugging for Numerical Applications.

The first goal of this software is the estimation of the accuracy of each computed result. This is done by implementing automatically the CESTAC method created by Jean Vignes. Moreover, CADNA uses all the new concepts and definitions of the stochastic arithmetic, specially the definitions of order relations and equality relation. To be very short, these definitions take into account the accuracy of the operands. Then, CADNA is able to control every branching which is the secong goal of the library.

CADNA works on FORTRAN (77 or 90), C, C++ and ADA codes. CADNA is a library which is used at the linking phase. New numerical types are avalaible thanks to CADNA : the stochastic types. The library includes the definitions of all the elementary arithmetic operations, order relations and elementary functions defined for the classical numerical types. The round-off error control is only performed on the stochastic types and the accuracy estimation is available for any intermediate or final result. For the output, only the significant digits are displayed. When a result is a stochastic zero (i.e. is unsignificant), the symbol @.0 is printed.

The last goal of CADNA is to give to users a tool for a real numerical debugging. CADNA detects numerical unstabilities during the run time. It must be pointed out that this numerical debugging does not deal with the logical validity of the source code but with the capability of the computers to give correct results when the code is performed.

Of course, CADNA contains all the controls that are necessary for a good and efficient implementation of the CESTAC method. These controls, that were pointed out by the theoretical study, lead to a self-validation of the library. CADNA is able to detect when the conditions for a right estimation of the round-off errors are not satisfied anymore and when it happens, CADNA is able to advise the users.

Therefore, the numerical debugging and the self-validation of the CESTAC method are performed by systematically detecting some numerical unstabilities. The users are warned by a trace that is let in a special file generated by CADNA. With this file, using the symbolic debugger, the users can find the line of the source code which is responsible for the unstability.

For instance, the most important unstabilities are :

- INSTABLE DIVISION, it means that a denominator of a division was a stochastic zero;

- INSTABLE TEST, it means that, when A <= B is tested, (A-B) is a stochastic zero. Following the stochastic definition, the answer coresponding to the equality is given but the user is advised that the mathematical answer can be the opposite.

The last (but not the least) tool provided by CADNA is that data errors can be taken into account for the estimation of the final accuracy.

To get more information, download the documentation.

To get the library, download the binary code.

CADNA is a copyright of the Pierre et Marie Curie University of Paris (France). Its autors are Jean Vignes and Jean-Marie Chesneaux

A

B

C

D

E

F

國家圖書館出版品預行編目資料

噪音控制原理與工程設計／邱銘杰，藍天雄
著. ──初版. ──臺北市：五南，2014.09
　　面；　公分
ISBN 978-957-11-7727-4 (平裝)
1.噪音　2.噪音防制
445.95　　　　　　　　　　103014335

5G30

噪音控制原理與工程設計

作　　　者 ─ 邱銘杰 (149.7)　　藍天雄 (426.4)

發 行 人 ─ 楊榮川

總 編 輯 ─ 王翠華

主　　編 ─ 王正華

責任編輯 ─ 金明芬

封面設計 ─ 蘇品華

出 版 者 ─ 五南圖書出版股份有限公司

地　　　址：106台北市大安區和平東路二段339號4樓

電　　　話：(02)2705-5066　　傳　真：(02)2706-6100

網　　　址：http://www.wunan.com.tw

電子郵件：wunan@wunan.com.tw

劃撥帳號：01068953

戶　　　名：五南圖書出版股份有限公司

台中市駐區辦公室/台中市中區中山路6號

電　　　話：(04)2223-0891　　傳　真：(04)2223-3549

高雄市駐區辦公室/高雄市新興區中山一路290號

電　　　話：(07)2358-702　　傳　真：(07)2350-236

法律顧問　林勝安律師事務所　林勝安律師

出版日期　2014年9月初版一刷

定　　　價　新臺幣450元